1 たし算のふく習①

月　日

点

たし算をしましょう。 【1問　4点】

① $14 + 2$

② $11 + 7$

③ $12 + 5$

④ $14 + 3$

⑤ $1 + 13$

⑥ $3 + 15$

⑦ $6 + 12$

⑨ $10 + 19$

⑩ $15 + 12$

たし算のふく習から
はじめよう！

2 たし算をしましょう。 【1問　5点】

① $\begin{array}{r} 14 \\ +15 \\ \hline \end{array}$

② $\begin{array}{r} 15 \\ +15 \\ \hline \end{array}$ □□

③ $\begin{array}{r} 15 \\ +16 \\ \hline \end{array}$

④ $\begin{array}{r} 14 \\ +16 \\ \hline \end{array}$

⑤ $\begin{array}{r} 18 \\ +13 \\ \hline \end{array}$

⑥ $\begin{array}{r} 19 \\ +13 \\ \hline \end{array}$

⑦ $\begin{array}{r} 17 \\ +17 \\ \hline \end{array}$

⑧ $\begin{array}{r} 19 \\ +16 \\ \hline \end{array}$

⑨ $\begin{array}{r} 18 \\ +17 \\ \hline \end{array}$

⑩ $\begin{array}{r} 14 \\ +17 \\ \hline \end{array}$

⑪ $\begin{array}{r} 15 \\ +18 \\ \hline \end{array}$

⑫ $\begin{array}{r} 19 \\ +19 \\ \hline \end{array}$

くり上がりのある計算
もできたかな？
答えあわせをして，
まちがえたところは
なおしておこうね。

2 たし算のふく習②

月　日

点

たし算をしましょう。　【1問　4点】

① $14 + 11$

② $13 + 22$

③ $19 + 30$

④ $25 + 22$

⑤ $31 + 11$

⑥ $36 + 33$

⑦ $23 + 41$

⑧ $41 + 47$

⑨ $16 + 53$

⑩ $72 + 21$

たし算のふく習だよ。
しっかりできたかな？

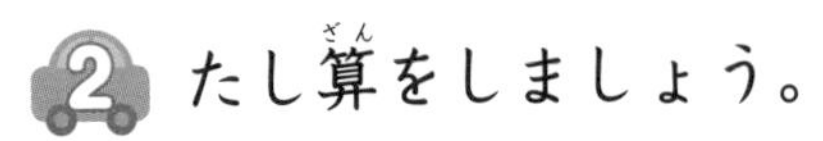

2 たし算をしましょう。 【1問　5点】

① $\begin{array}{r} 15 \\ +16 \\ \hline \end{array}$

② $\begin{array}{r} 15 \\ +26 \\ \hline \end{array}$

③ $\begin{array}{r} 15 \\ +37 \\ \hline \end{array}$

④ $\begin{array}{r} 25 \\ +27 \\ \hline \end{array}$

⑤ $\begin{array}{r} 15 \\ +48 \\ \hline \end{array}$

⑥ $\begin{array}{r} 35 \\ +49 \\ \hline \end{array}$

⑦ $\begin{array}{r} 48 \\ +44 \\ \hline \end{array}$

⑧ $\begin{array}{r} 48 \\ +55 \\ \hline \square\square\square \end{array}$

⑨ $\begin{array}{r} 65 \\ +45 \\ \hline \end{array}$

⑩ $\begin{array}{r} 49 \\ +72 \\ \hline \end{array}$

⑪ $\begin{array}{r} 37 \\ +63 \\ \hline \end{array}$

⑫ $\begin{array}{r} 99 \\ +28 \\ \hline \end{array}$

くり上がる計算を
まちがえないでね！

3 九九のふく習①

月　日

点

1 九九のふく習をしましょう。□にあう数を書きましょう。

【1問　3点】

〔2のだん〕

① 2×2＝□

② 2×3＝□

③ 2×4＝□

④ 2×5＝□

⑤ 2×6＝□

⑥ 2×7＝□

⑦ 2×8＝□

⑧ 2×9＝□

〔3のだん〕

⑨ 3×2＝□

⑩ 3×3＝□

⑪ 3×4＝□

⑫ 3×5＝□

⑬ 3×6＝□

⑭ 3×7＝□

⑮ 3×8＝□

⑯ 3×9＝□

うらは，4のだんと5のだんだよ。

九九のふく習をしましょう。□にあう数を書きましょう。

【1問 3点】

〔4のだん〕

① $4 \times 2 =$ □

② $4 \times 3 =$ □

③ $4 \times 4 =$ □

④ $4 \times 5 =$ □

⑤ $4 \times 6 =$ □

⑥ $4 \times 7 =$ □

⑦ $4 \times 8 =$ □

⑧ $4 \times 9 =$ □

〔5のだん〕

⑨ $5 \times 2 =$ □

⑩ $5 \times 3 =$ □

⑪ $5 \times 4 =$ □

⑫ $5 \times 5 =$ □

⑬ $5 \times 6 =$ □

⑭ $5 \times 7 =$ □

⑮ $5 \times 8 =$ □

⑯ $5 \times 9 =$ □

3 かけ算をしましょう。

【1問 2点】

① $3 \times 10 = 30$

② $4 \times 20 =$

4 九九のふく習②

点

1 九九のふく習をしましょう。□にあう数を書きましょう。

【1問 3点】

〔6のだん〕

① 6×2＝□

② 6×3＝□

③ 6×4＝□

④ 6×5＝□

⑤ 6×6＝□

⑥ 6×7＝□

⑦ 6×8＝□

⑧ 6×9＝□

〔7のだん〕

⑨ 7×2＝□

⑩ 7×3＝□

⑪ 7×4＝□

⑫ 7×5＝□

⑬ 7×6＝□

⑭ 7×7＝□

⑮ 7×8＝□

⑯ 7×9＝□

うらは，8のだんと9のだんだよ！

九九のふく習をしましょう。□にあう数を書きましょう。

【1問　3点】

〔8のだん〕

① 8×2＝□

② 8×3＝□

③ 8×4＝□

④ 8×5＝□

⑤ 8×6＝□

⑥ 8×7＝□

⑦ 8×8＝□

⑧ 8×9＝□

〔9のだん〕

⑨ 9×2＝□

⑩ 9×3＝□

⑪ 9×4＝□

⑫ 9×5＝□

⑬ 9×6＝□

⑭ 9×7＝□

⑮ 9×8＝□

⑯ 9×9＝□

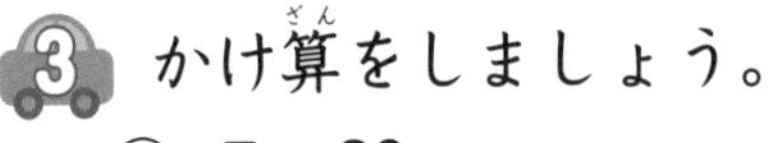

かけ算をしましょう。

【1問　2点】

① 7×20＝

② 8×40＝

5 九九のふく習③

1 かけ算をしましょう。 【1問 4点】

① $2 \times 5 =$

② $4 \times 2 =$

③ $2 \times 7 =$

④ $4 \times 5 =$

⑤ $3 \times 8 =$

⑥ $3 \times 3 =$

⑦ $5 \times 3 =$

⑧ $3 \times 4 =$

⑨ $5 \times 6 =$

⑩ $4 \times 7 =$

うらもがんばろう！

かけ算(ざん)をしましょう。

【1問(もん)　5点(てん)】

① $6 \times 4 =$

② $7 \times 3 =$

③ $8 \times 4 =$

④ $9 \times 5 =$

⑤ $6 \times 7 =$

⑥ $6 \times 3 =$

⑦ $6 \times 8 =$

⑧ $7 \times 5 =$

⑨ $8 \times 7 =$

⑩ $9 \times 8 =$

⑪ $7 \times 9 =$

⑫ $9 \times 6 =$

九九(くく)は，まちがえないように
しっかりおぼえておこうね。

6 2けた×1けた①

点

1 □にあう数を書きましょう。 【□1つ　5点】

①

$$\begin{array}{r} 13 \\ \times \quad 2 \\ \hline \end{array} \rightarrow \begin{array}{r} 13 \\ \times \quad 2 \\ \hline \square \end{array} \rightarrow \begin{array}{r} 13 \\ \times \quad 2 \\ \hline \square 6 \end{array}$$

くらいをそろえて書く。

一のくらいにかける。「二三が　6」

十のくらいにかける。「二一が　2」

②

$$\begin{array}{r} 24 \\ \times \quad 2 \\ \hline \end{array} \rightarrow \begin{array}{r} 24 \\ \times \quad 2 \\ \hline \square \end{array} \rightarrow \begin{array}{r} 24 \\ \times \quad 2 \\ \hline \square 8 \end{array}$$

かけ算の筆算は，くらいをたてにそろえて書き，一のくらいからじゅんに　計算するよ。

2 □にあう数を書きましょう。 【1問　10点】

①

$$\begin{array}{r} 23 \\ \times \quad 3 \\ \hline \square\square \end{array}$$

②

$$\begin{array}{r} 21 \\ \times \quad 4 \\ \hline \square\square \end{array}$$

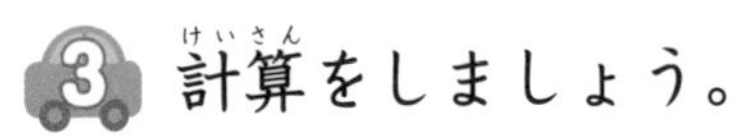

3 計算(けいさん)をしましょう。

【1問(もん)　5点(てん)】

① $\begin{array}{r} 12 \\ \times \ \ 2 \\ \hline \end{array}$

② $\begin{array}{r} 13 \\ \times \ \ 3 \\ \hline \end{array}$

③ $\begin{array}{r} 11 \\ \times \ \ 4 \\ \hline \end{array}$

④ $\begin{array}{r} 11 \\ \times \ \ 5 \\ \hline \end{array}$

⑤ $\begin{array}{r} 22 \\ \times \ \ 2 \\ \hline \end{array}$

⑥ $\begin{array}{r} 21 \\ \times \ \ 3 \\ \hline \end{array}$

⑦ $\begin{array}{r} 22 \\ \times \ \ 4 \\ \hline \end{array}$

⑧ $\begin{array}{r} 22 \\ \times \ \ 3 \\ \hline \end{array}$

⑨ $\begin{array}{r} 20 \\ \times \ \ 4 \\ \hline \square 0 \end{array}$

⑩ $\begin{array}{r} 30 \\ \times \ \ 3 \\ \hline \end{array}$

⑪ $\begin{array}{r} 41 \\ \times \ \ 2 \\ \hline \end{array}$

⑫ $\begin{array}{r} 32 \\ \times \ \ 3 \\ \hline \end{array}$

がんばれ！
ファイト！

7 2けた×1けた②

月　日

点

1 □にあう数を書きましょう。

【□1つ　5点】

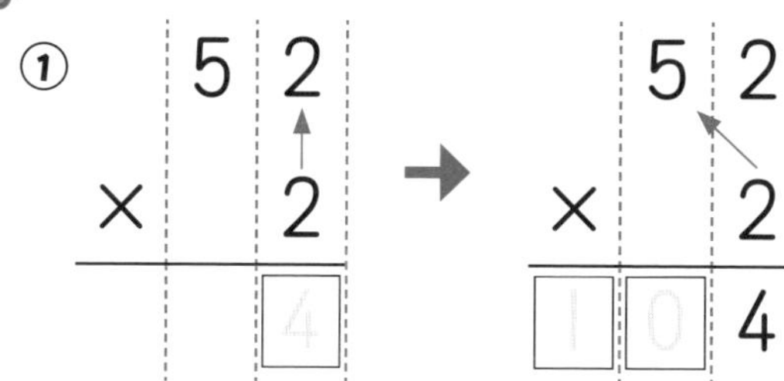

① 52×2 → 52×2

一のくらいにかける。「二二が　4」

十のくらいにかける。「二五　10」百のくらいに1くり上げる。

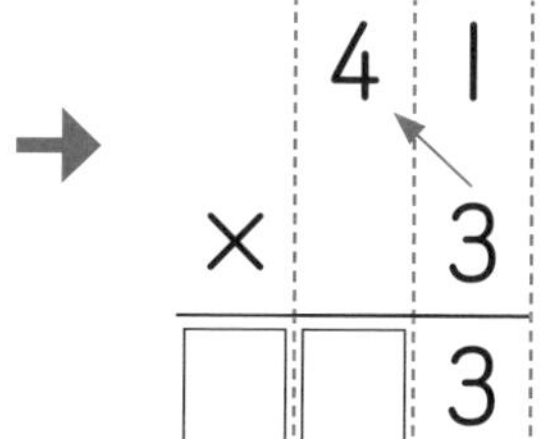

② 41×3 → 41×3

2 □にあう数を書きましょう。

【1問　10点】

① 32×4

❶ 4×2

❷ 4×3

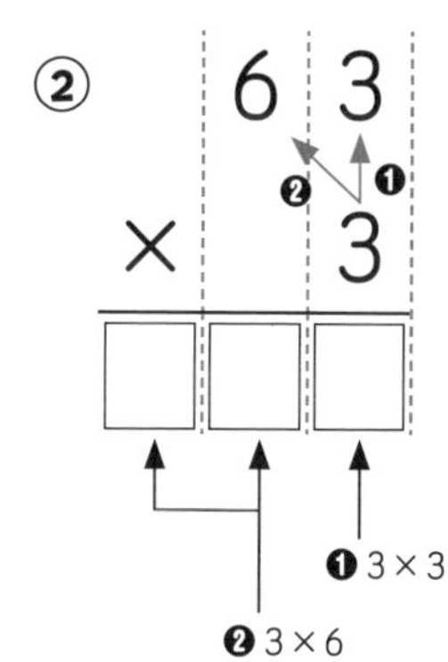

② 63×3

❶ 3×3

❷ 3×6

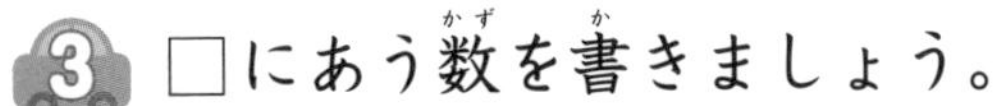

3 □にあう数を書きましょう。

【1問　5点】

① 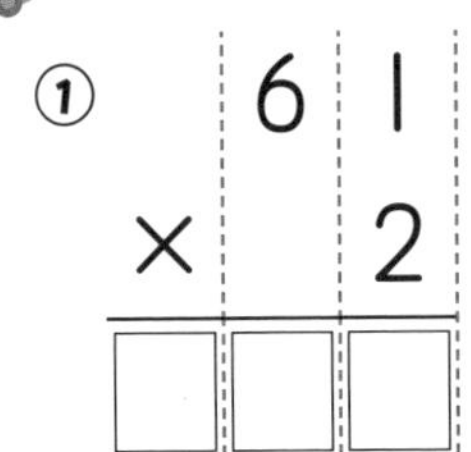

$$\begin{array}{r} 61 \\ \times \quad 2 \\ \hline \square\square\square \end{array}$$

② $$\begin{array}{r} 53 \\ \times \quad 3 \\ \hline \square\square\square \end{array}$$

③ 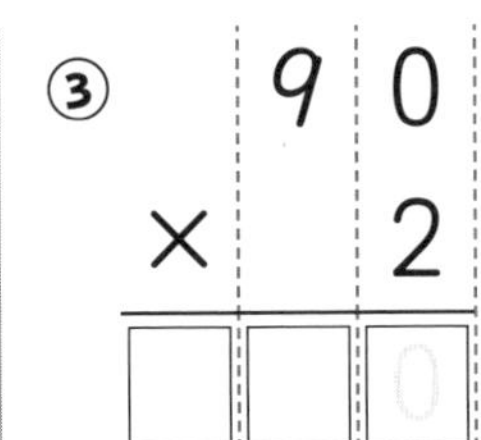

$$\begin{array}{r} 90 \\ \times \quad 2 \\ \hline \square\square 0 \end{array}$$

④ 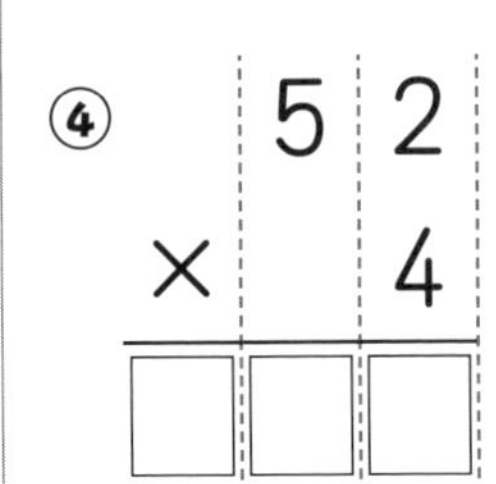

$$\begin{array}{r} 52 \\ \times \quad 4 \\ \hline \square\square\square \end{array}$$

4 計算をしましょう。

【1問　5点】

① $$\begin{array}{r} 51 \\ \times \quad 2 \\ \hline \end{array}$$

② $$\begin{array}{r} 80 \\ \times \quad 4 \\ \hline \end{array}$$

③ $$\begin{array}{r} 74 \\ \times \quad 2 \\ \hline \end{array}$$

④ $$\begin{array}{r} 31 \\ \times \quad 5 \\ \hline \end{array}$$

⑤ $$\begin{array}{r} 82 \\ \times \quad 3 \\ \hline \end{array}$$

⑥ $$\begin{array}{r} 41 \\ \times \quad 6 \\ \hline \end{array}$$

まちがえたところは,なおしておこう。

8 2けた×1けた③

点

1 □にあう数を書きましょう。

【□1つ 6点】

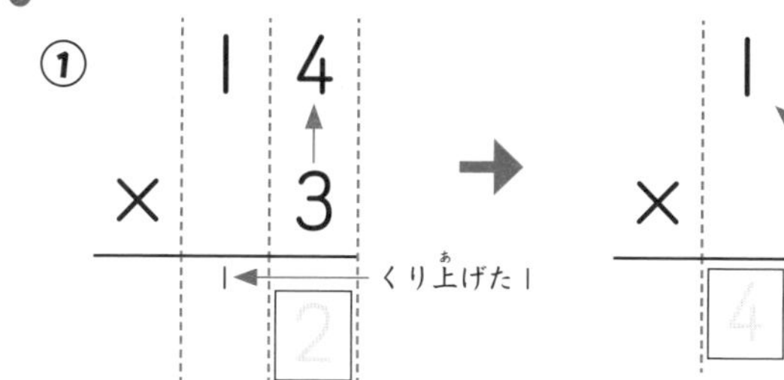

「三四 12」の2を一のくらいに書き，1を十のくらいにくり上げる。

「三一が 3」の3にくり上げた1をたして4。

くり上げた数を書いておくといいよ。

②
1 8
× 4
3
1 8
× 4
2

2 □にあう数を書きましょう。

【1問 10点】

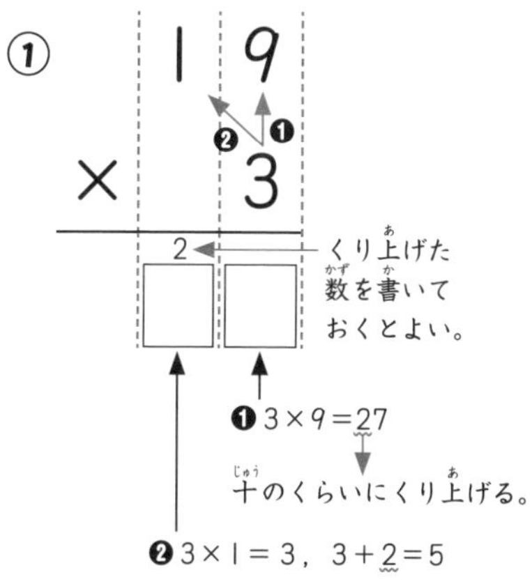

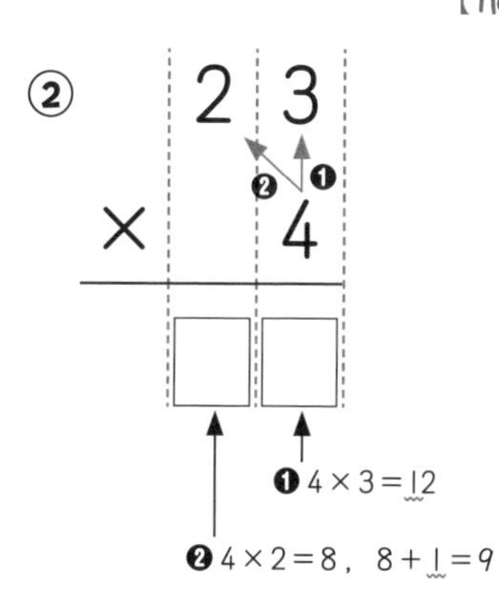

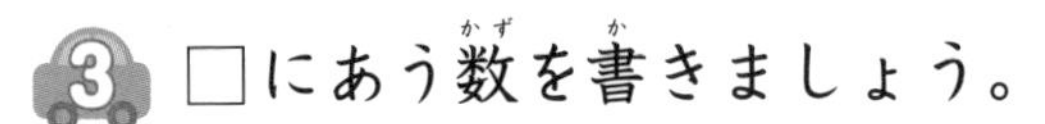

3 □にあう数(かず)を書(か)きましょう。　【1問(もん)　5点(てん)】

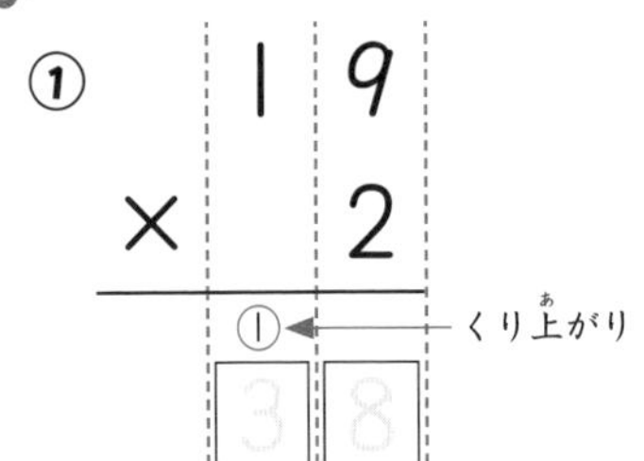

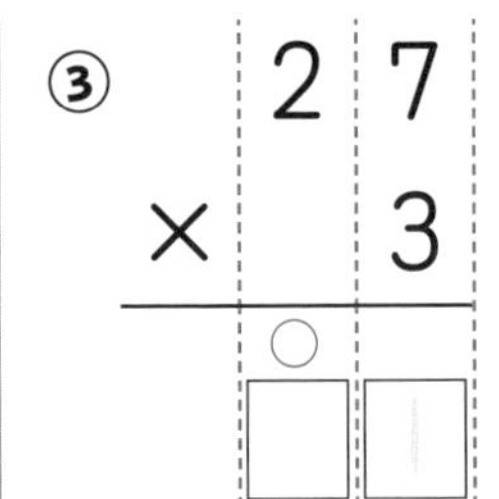

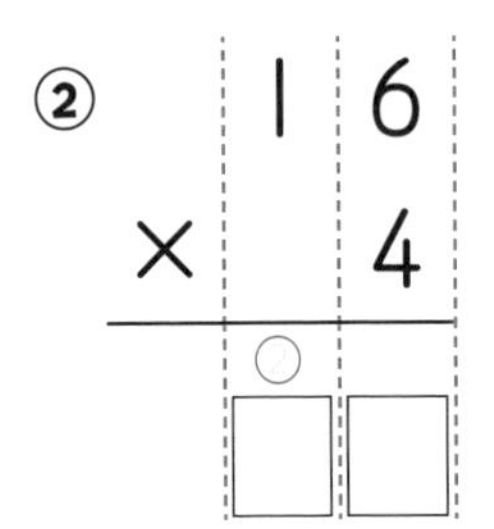

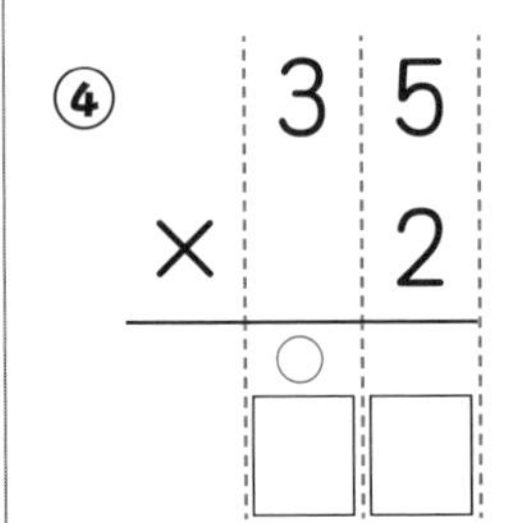

4 計算(けいさん)をしましょう。　【1問(もん)　5点(てん)】

① 25×3

② 37×2

③ 15×4

④ 24×4

⑤ 28×3

⑥ 46×2

くり上(あ)げた数(かず)をわすれないでね。

9 2けた×1けた④

月　日

点

1 計算(けいさん)をしましょう。

【1問(もん)　4点(てん)】

① $\begin{array}{r} 31 \\ \times\ \ 4 \\ \hline \end{array}$

② $\begin{array}{r} 31 \\ \times\ \ 5 \\ \hline \end{array}$

③ $\begin{array}{r} 31 \\ \times\ \ 6 \\ \hline \end{array}$

④ $\begin{array}{r} 31 \\ \times\ \ 7 \\ \hline \end{array}$

⑤ $\begin{array}{r} 31 \\ \times\ \ 8 \\ \hline \end{array}$

⑥ $\begin{array}{r} 31 \\ \times\ \ 9 \\ \hline \end{array}$

⑦ $\begin{array}{r} 51 \\ \times\ \ 6 \\ \hline \end{array}$

⑧ $\begin{array}{r} 62 \\ \times\ \ 4 \\ \hline \end{array}$

⑨ $\begin{array}{r} 40 \\ \times\ \ 8 \\ \hline \end{array}$

⑩ $\begin{array}{r} 70 \\ \times\ \ 9 \\ \hline \end{array}$

×9 までの計算(けいさん)だよ。
うらもがんばろう！

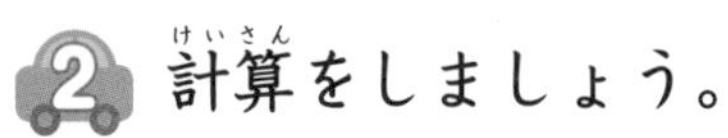

計算をしましょう。

【1問　5点】

① 11×5

② 12×5

③ 13×5

④ 12×6

⑤ 12×7

⑥ 12×8

⑦ 14×6

⑧ 17×5

⑨ 15×6

⑩ 19×4

⑪ 14×7

⑫ 18×5

十のくらいにくり上げた数を
わすれないでね！

10 2けた×1けた⑤

点

1 □にあう数を書きましょう。

【□1つ 5点】

① 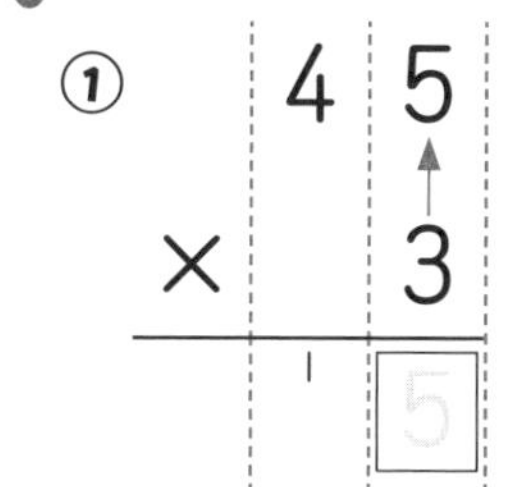 → 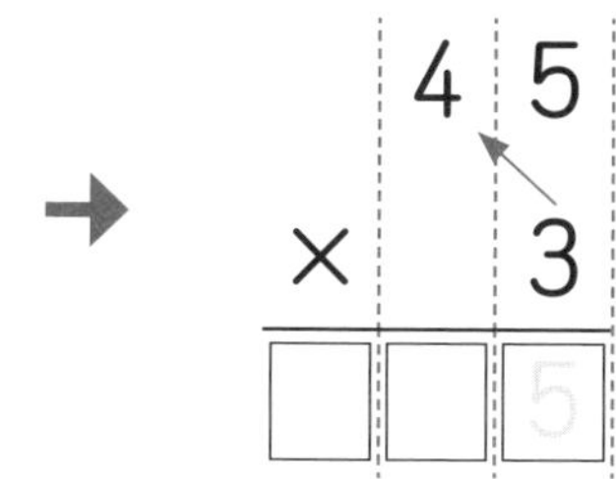

「三五 15」の5を一のくらいに書き，1を十のくらいにくり上げる。

「三四 12」の2に，くり上げた1をたして3。百のくらいに1くり上げる。

② 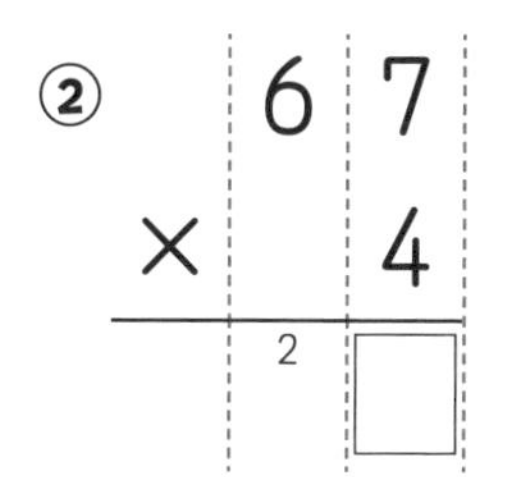 → 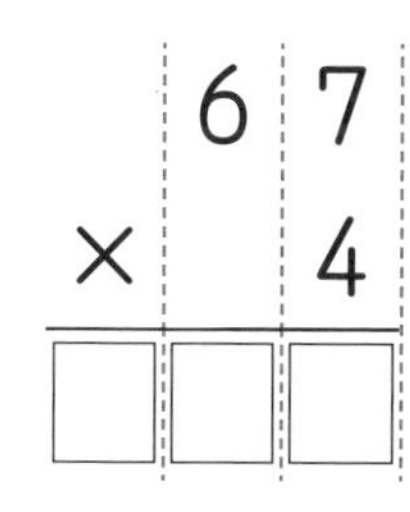

答えが3けたになる，×2，×3，×4の計算だよ。

2 □にあう数を書きましょう。

【1問 5点】

① 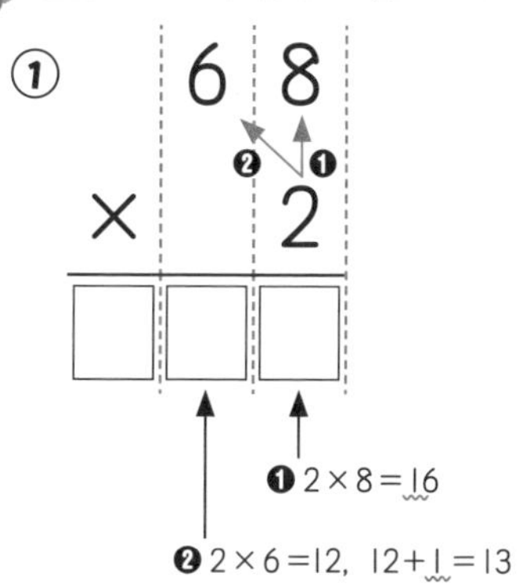

② 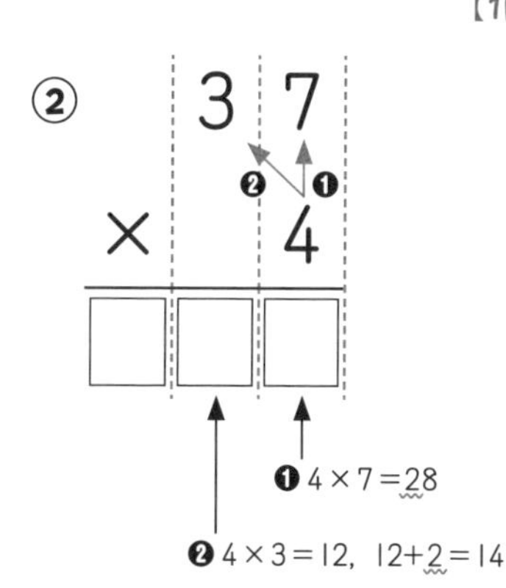

3 □にあう数を書きましょう。 【1問　5点】

①
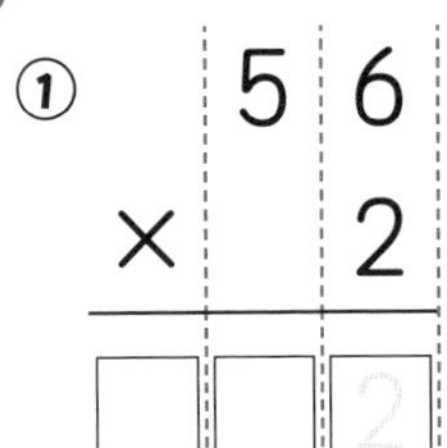

② 63 × 4 = □□□

③ 59 × 3 = □□□

④ 55 × 4 = □□□

4 計算をしましょう。 【1問　5点】

① 77 × 2

② 98 × 2

③ 74 × 3

④ 58 × 3

⑤ 64 × 4

⑥ 48 × 4

あわてないで，ていねいに計算すると
まちがいが少なくなるよ！　ガンバレ！

11 2けた×1けた⑥

1 □にあう数を書きましょう。 【□1つ 5点】

①

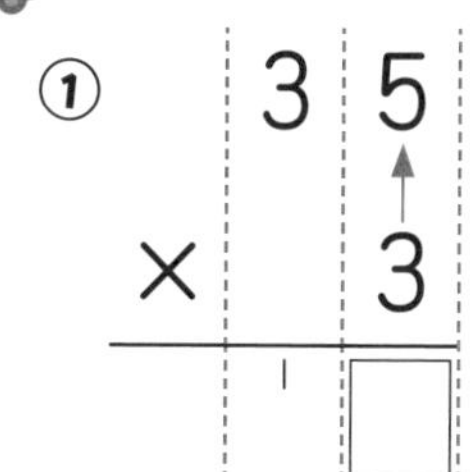

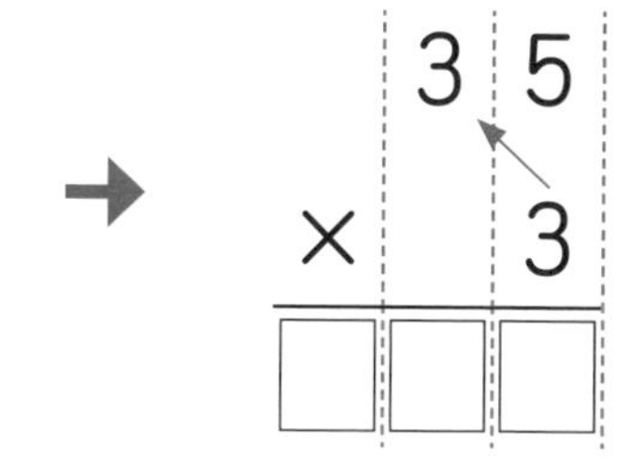

「三三が　9」の9に，
くり上げた1をたして10。
百のくらいに1くり上げる。

②

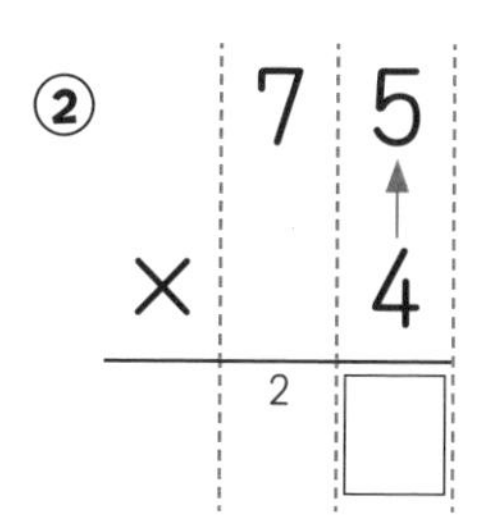

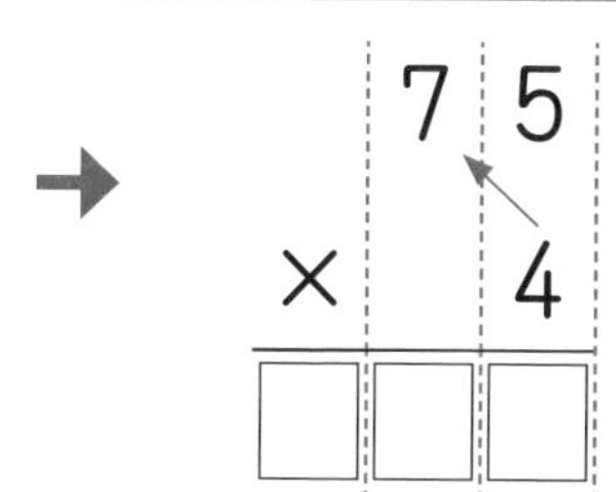

2 □にあう数を書きましょう。 【1問 5点】

①

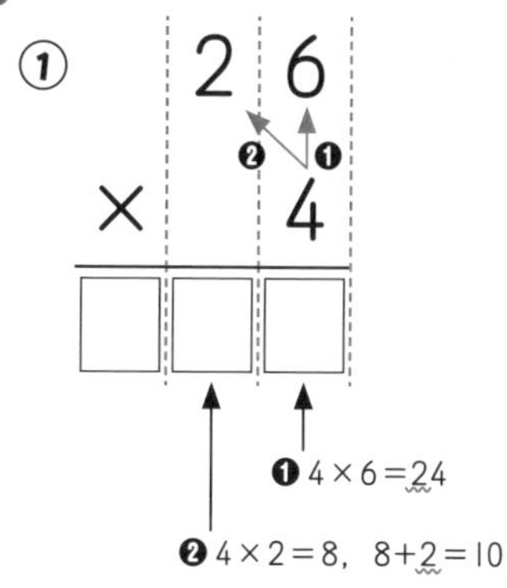

②

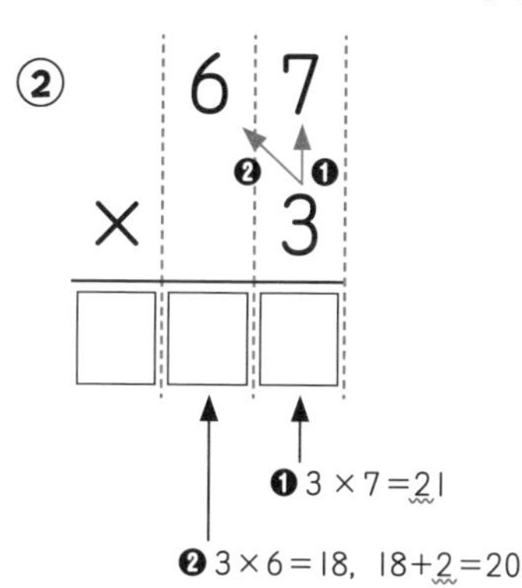

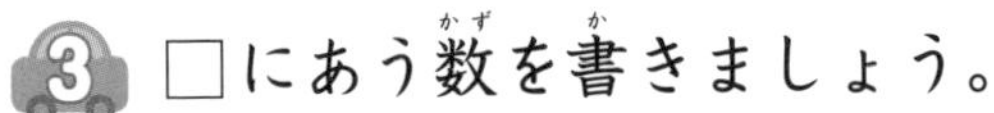

3 □にあう数を書きましょう。 【1問　5点】

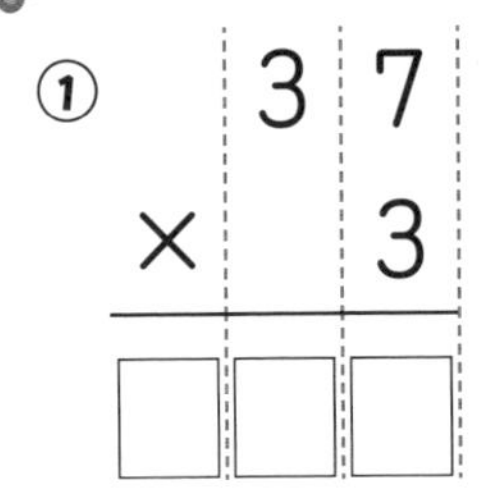

① 37 × 3 = □□□

② 68 × 3 = □□□

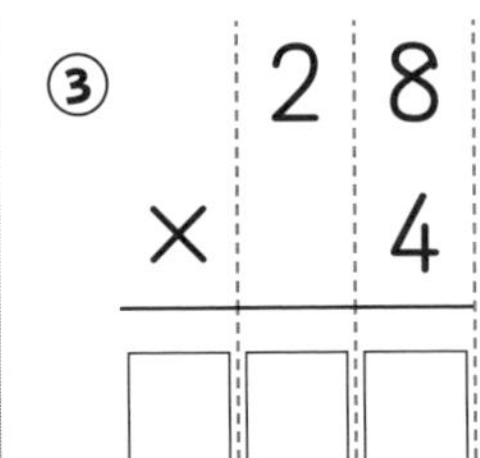

③ 28 × 4 = □□□

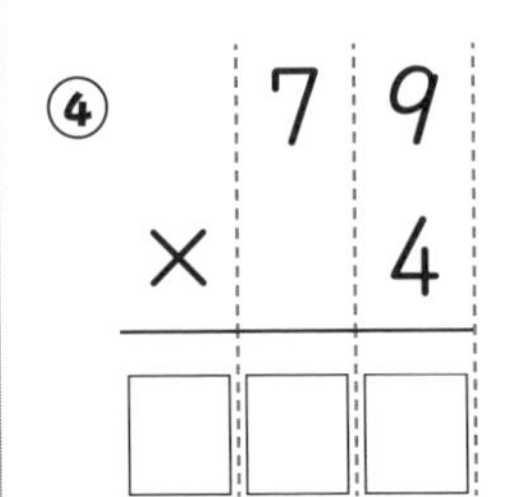

④ 79 × 4 = □□□

4 計算をしましょう。 【1問　5点】

① 36 × 3

② 39 × 3

③ 29 × 4

④ 25 × 4

⑤ 69 × 3

⑥ 76 × 4

くり上げた数をわすれないでね！

12 2けた×1けた⑦

1 □にあう数を書きましょう。 【1問 4点】

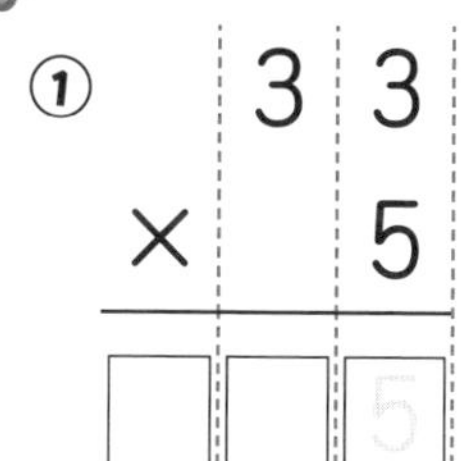

①

	3	3
×		5
□	□	5

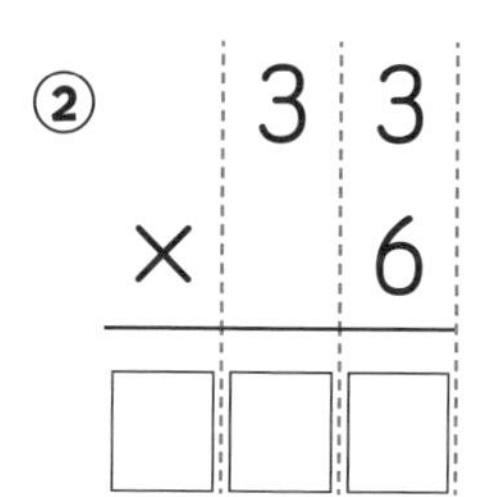

②

	3	3
×		6
□	□	□

③

	3	3
×		7
□	□	□

④

	3	6
×		6
□	□	□

⑤

	4	5
×		6
□	□	□

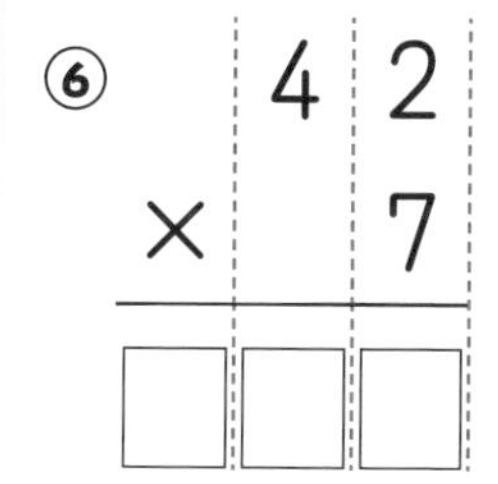

⑥

	4	2
×		7
□	□	□

⑦

	4	3
×		7
□	□	□

答えが３けたになる
×５，×６，×７ の計算だよ。
くり上がりに気をつけてね。

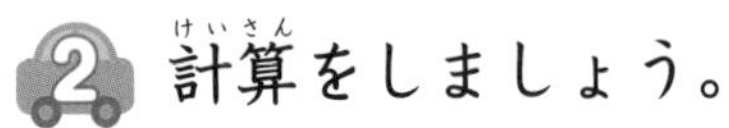

2 計算をしましょう。 【1問　6点】

① 52×5

② 62×5

③ 74×5

④ 43×6

⑤ 49×6

⑥ 67×6

⑦ 57×7

⑧ 58×7

⑨ 69×7

⑩ 89×5

⑪ 89×6

⑫ 89×7

くり上がりをまちがえないように
ていねいに計算しよう！

月　日

点

1 □にあう数を書きましょう。

【1問　4点】

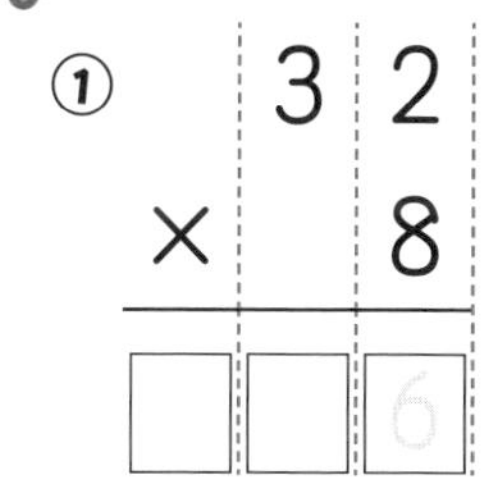

① 　32
× 　8
□□□

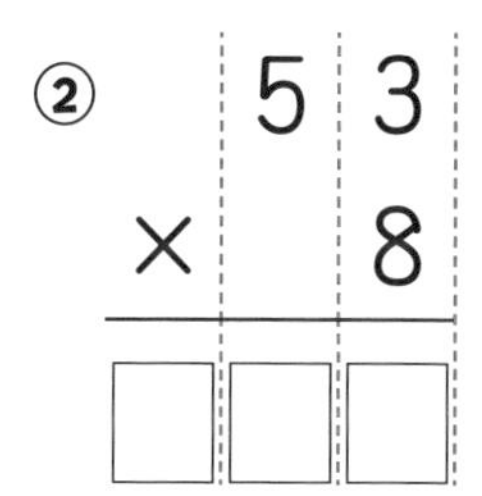

② 　53
× 　8
□□□

③ 　26
× 　8
□□□

④ 　77
× 　8
□□□

⑤ 　55
× 　9
□□□

⑥ 　43
× 　9
□□□

⑦ 　34
× 　9
□□□

×８と×９の計算だよ。
うらの問題も
がんばってね！

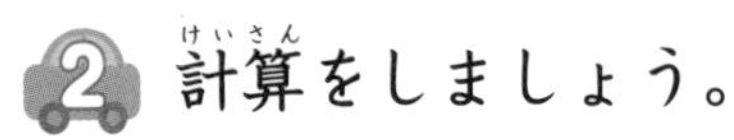

2 計算(けいさん)をしましょう。

【1問(もん)　6点(てん)】

① 33×8

② 42×8

③ 22×9

④ 42×9

⑤ 58×8

⑥ 65×9

⑦ 25×8

⑧ 25×9

⑨ 64×8

⑩ 76×8

⑪ 36×9

⑫ 47×9

まちがえたところは，なおしをしてね！

14 2けた×1けた⑨

月　日

点

1 計算をしましょう。 【1問　4点】

① $\begin{array}{r} 21 \\ \times\ \ 7 \\ \hline \end{array}$

② $\begin{array}{r} 30 \\ \times\ \ 8 \\ \hline \end{array}$

③ $\begin{array}{r} 63 \\ \times\ \ 3 \\ \hline \end{array}$

④ $\begin{array}{r} 16 \\ \times\ \ 5 \\ \hline \end{array}$

⑤ $\begin{array}{r} 35 \\ \times\ \ 2 \\ \hline \end{array}$

⑥ $\begin{array}{r} 54 \\ \times\ \ 4 \\ \hline \end{array}$

⑦ $\begin{array}{r} 67 \\ \times\ \ 2 \\ \hline \end{array}$

⑧ $\begin{array}{r} 22 \\ \times\ \ 6 \\ \hline \end{array}$

⑨ $\begin{array}{r} 33 \\ \times\ \ 9 \\ \hline \end{array}$

⑩ $\begin{array}{r} 47 \\ \times\ \ 4 \\ \hline \end{array}$

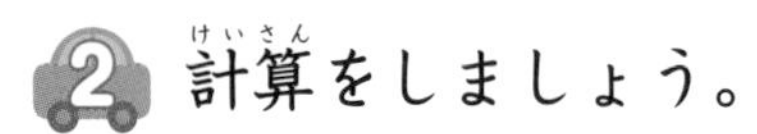

2 計算(けいさん)をしましょう。

【1問(もん)　5点(てん)】

① 12×9

② 17×6

③ 14×8

④ 25×4

⑤ 27×8

⑥ 35×3

⑦ 34×6

⑧ 24×9

⑨ 44×7

⑩ 39×6

⑪ 65×8

⑫ 75×4

2けた×1けたの計算(けいさん)は
これでおわり！　ヤッターッ！
よくがんばったね。

3けた×1けた①

点

□にあう数を書きましょう。 【□1つ 5点】

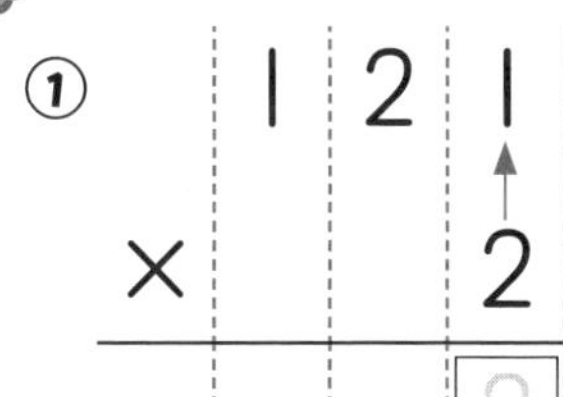

① 121×2

「二一が 2」

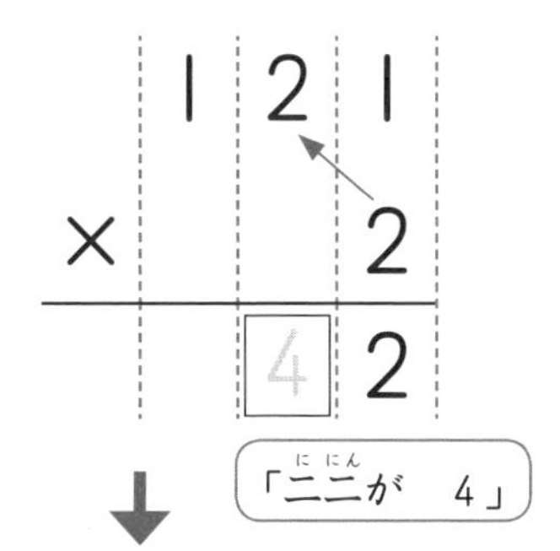

「二二が 4」

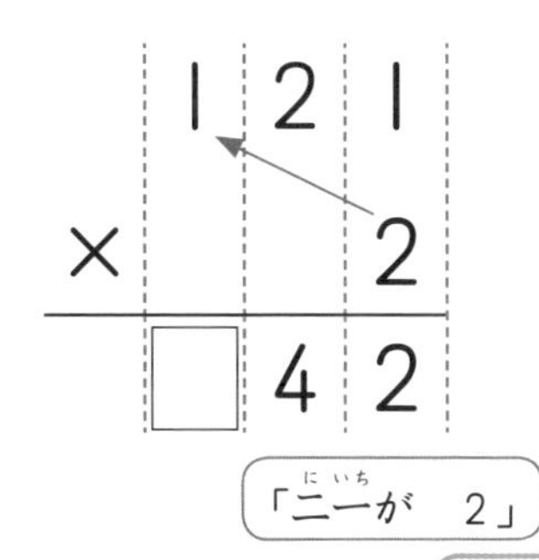

「二一が 2」

② 203×3

「三三が 9」

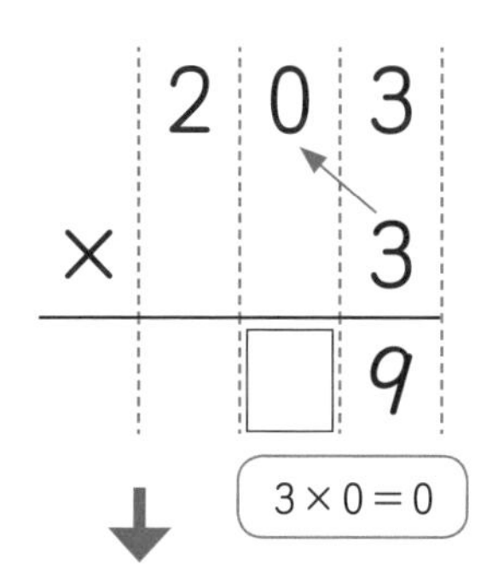

$3 \times 0 = 0$

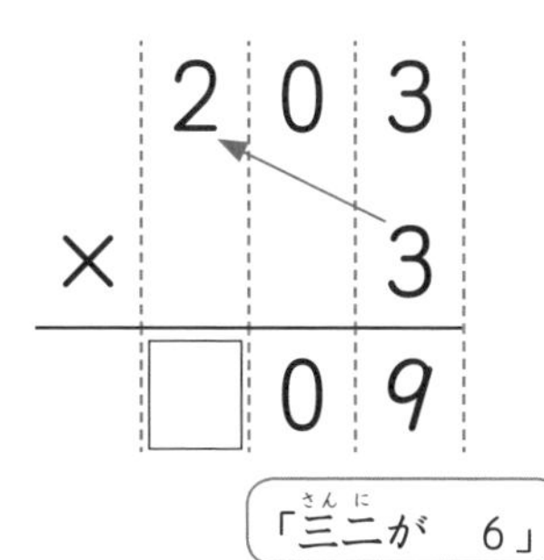

「三二が 6」

答えを書くくらいをまちがえないように気をつけようね。

2 □にあう数を書きましょう。

【1問 7点】

① 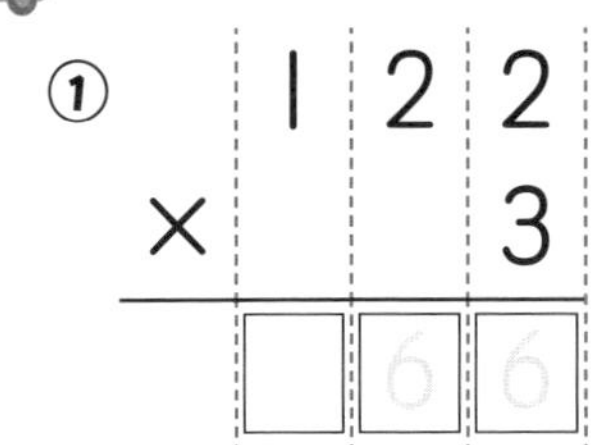

③ 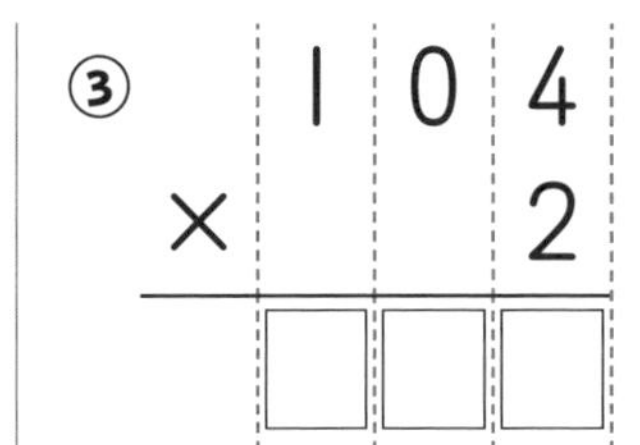

②

$$\begin{array}{r} 240 \\ \times \quad 2 \\ \hline \square\square\square \end{array}$$

④

$$\begin{array}{r} 312 \\ \times \quad 3 \\ \hline \square\square\square \end{array}$$

3 計算をしましょう。

【1問 7点】

① $\begin{array}{r} 143 \\ \times \quad 2 \\ \hline \end{array}$

② $\begin{array}{r} 432 \\ \times \quad 2 \\ \hline \end{array}$

③ $\begin{array}{r} 320 \\ \times \quad 3 \\ \hline \end{array}$

④ $\begin{array}{r} 110 \\ \times \quad 7 \\ \hline \end{array}$

⑤ $\begin{array}{r} 221 \\ \times \quad 4 \\ \hline \end{array}$

⑥ $\begin{array}{r} 201 \\ \times \quad 4 \\ \hline \end{array}$

答えあわせをして，
まちがえたところは
なおしをしよう。

16 3けた×1けた②

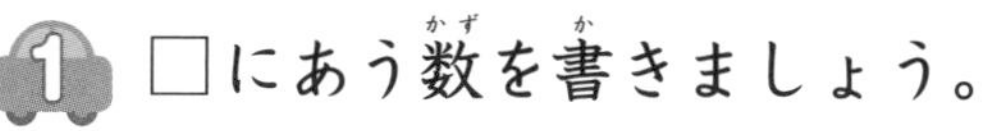

1 □にあう数を書きましょう。 【□1つ　4点】

①

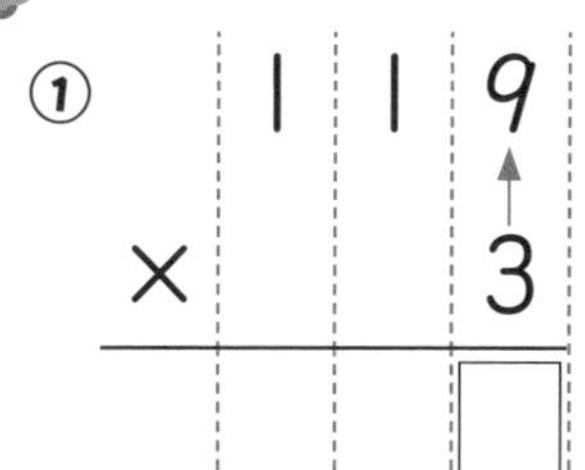

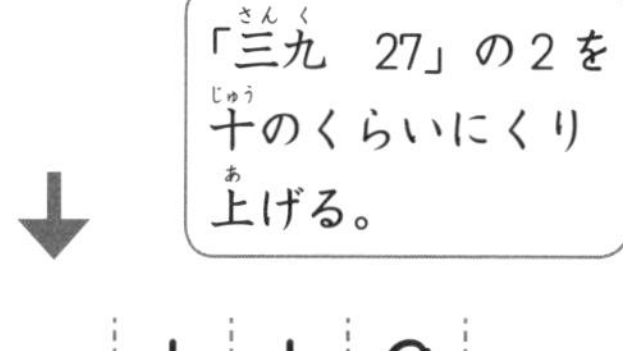

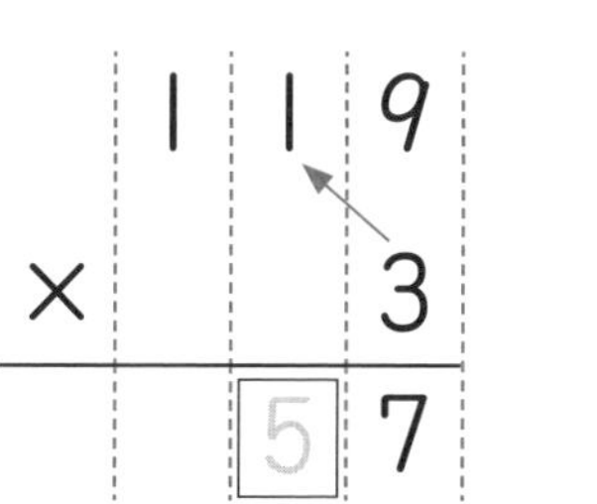

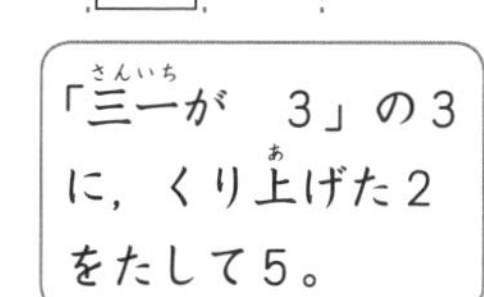

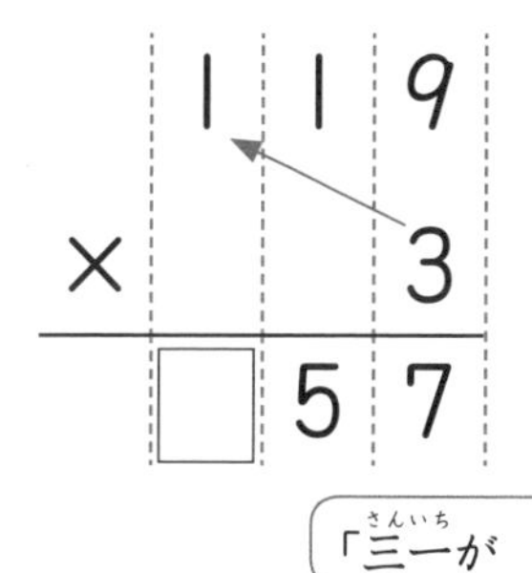

②

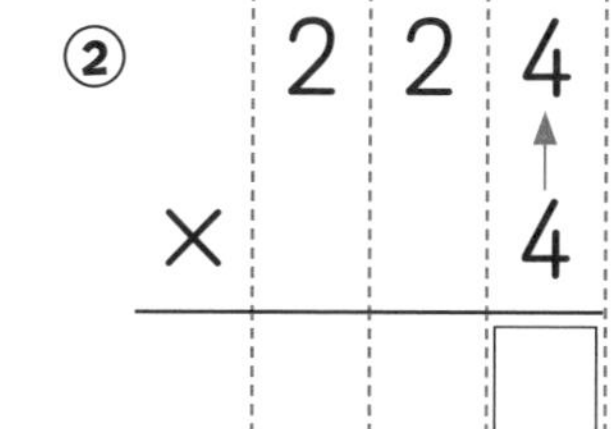

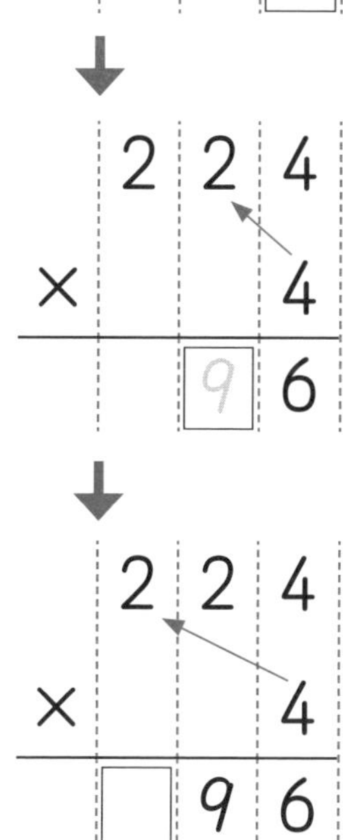

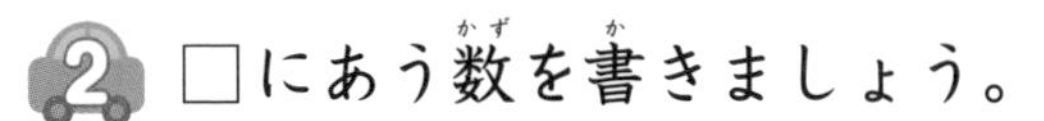

2 □にあう数を書きましょう。 【1問　8点】

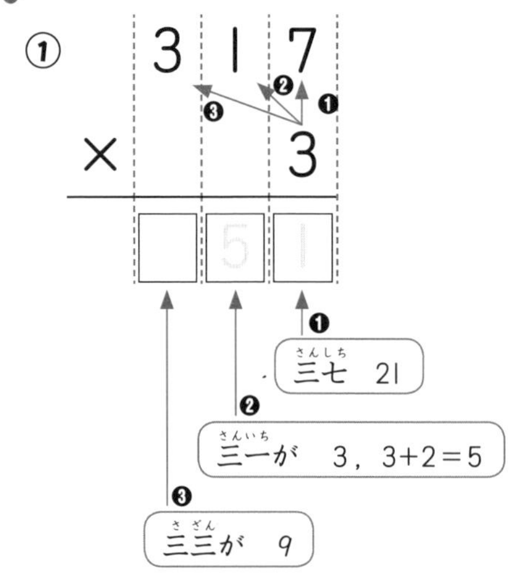

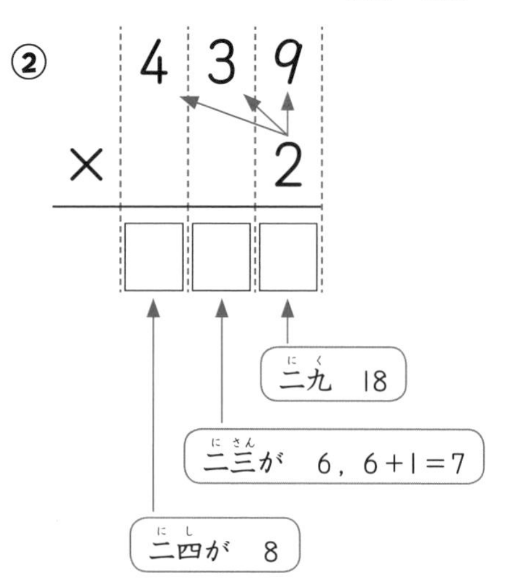

3 計算をしましょう。 【1問　10点】

① 107×9（□63）

③ 125×2

⑤ 218×4

② 208×4

④ 415×2

⑥ 229×3

くり上がりをわすれないで，
ていねいに計算しようね。

17 3けた×1けた③

月　日　　点

1 □にあう数を書きましょう。【□1つ　5点】

①

	2	5	4
×			2
			□

↓ 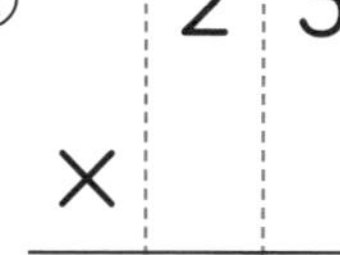

「二四が　8」

	2	5	4
×			2
		□	8

「二五　10」の1を百のくらいにくり上げる。

↓

	2	5	4
×			2
	□	0	8

「二二が　4」の4に，くり上げた1をたして5。

②

	2	3	1
×			4
			□

↓

	2	3	1
×			4
		□	4

↓

	2	3	1
×			4
	□	2	4

百のくらいにくり上がるよ。

2 □にあう数を書きましょう。 【1問　7点】

①
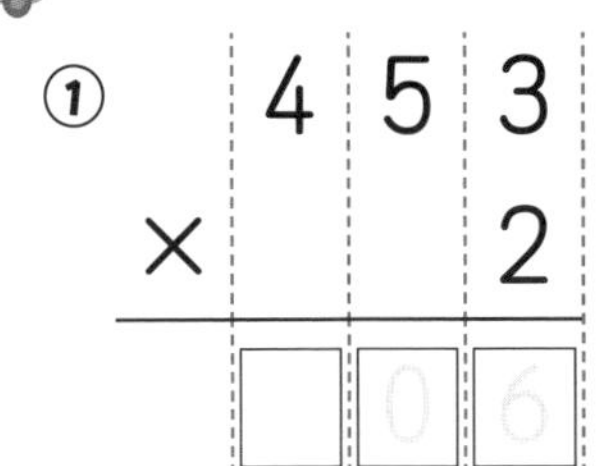

②

$$\begin{array}{r} 181 \\ \times \quad 3 \\ \hline \square 43 \end{array}$$

③
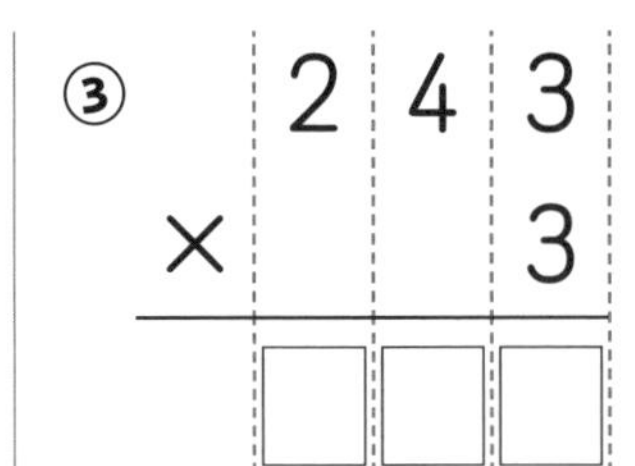

④
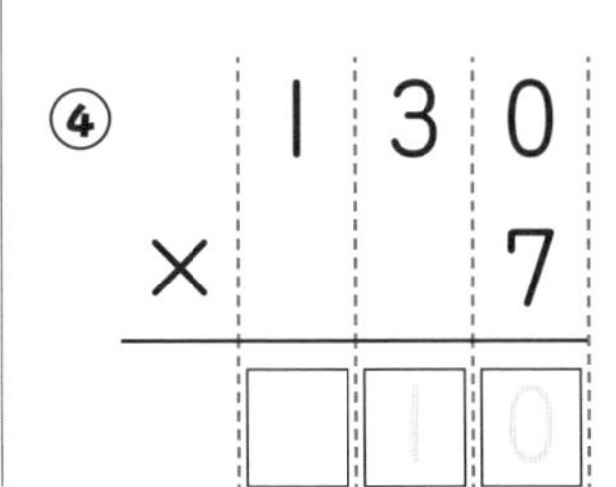

3 計算をしましょう。 【1問　7点】

① $$\begin{array}{r} 140 \\ \times \quad 6 \\ \hline \end{array}$$

② $$\begin{array}{r} 191 \\ \times \quad 5 \\ \hline \end{array}$$

③ $$\begin{array}{r} 131 \\ \times \quad 6 \\ \hline \end{array}$$

④ $$\begin{array}{r} 152 \\ \times \quad 4 \\ \hline \end{array}$$

⑤ $$\begin{array}{r} 394 \\ \times \quad 2 \\ \hline \end{array}$$

⑥ $$\begin{array}{r} 273 \\ \times \quad 3 \\ \hline \end{array}$$

くり上がった数をわすれないように！
まちがえたところは，なおしをしよう！

月　日

点

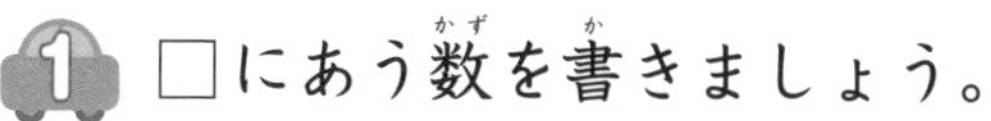

1 □にあう数を書きましょう。

【□1つ　4点】

①

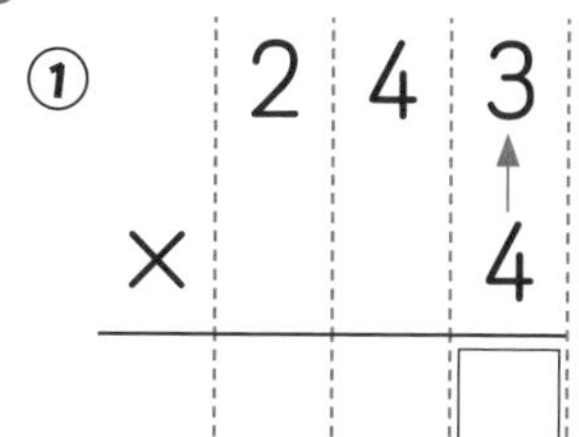

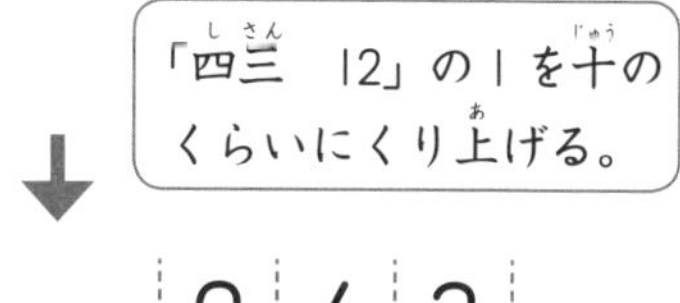

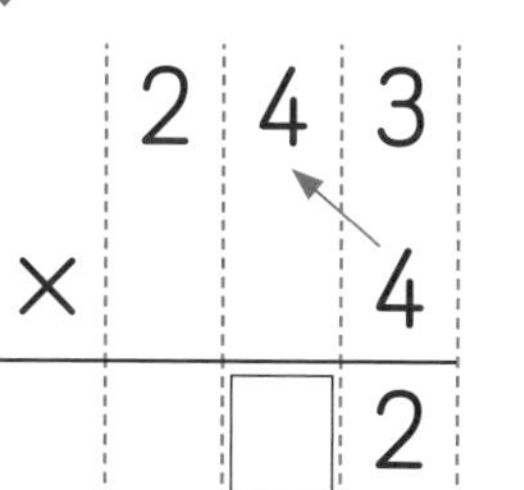

「四四　16」の6にくり上げた1をたして17。1を百のくらいにくり上げる。

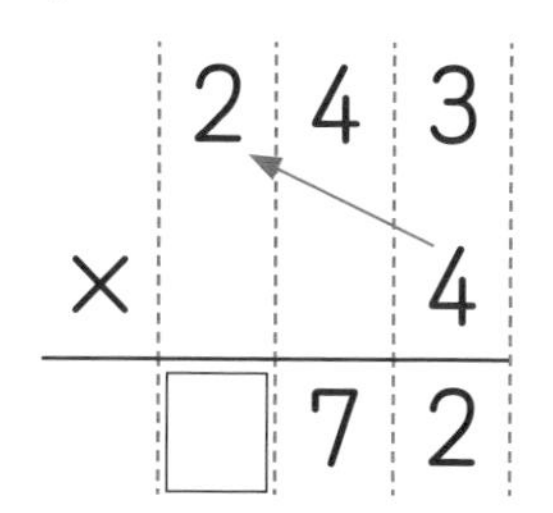

「四二が　8」の8にくり上げた1をたして9。

②

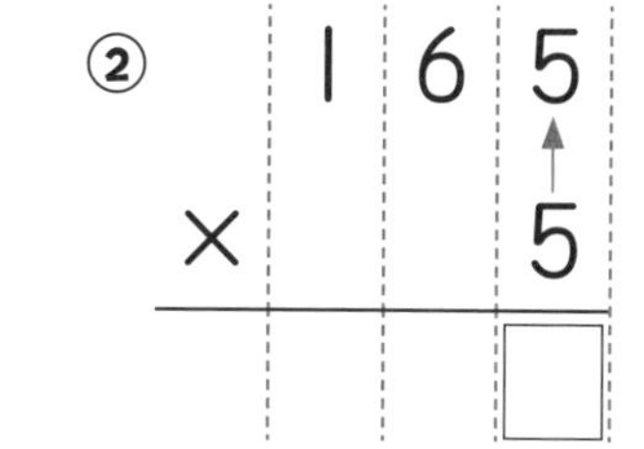

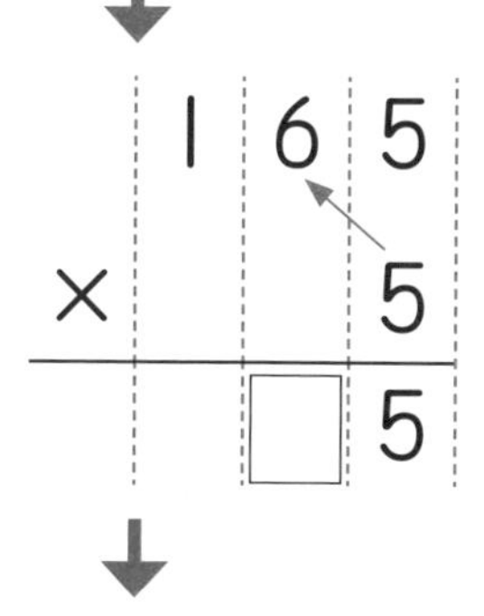

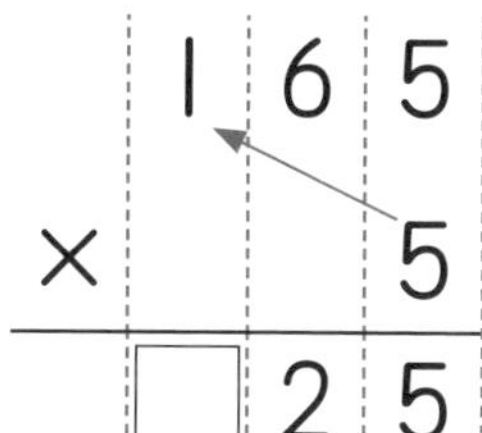

十と百のくらいにくり上がるよ。

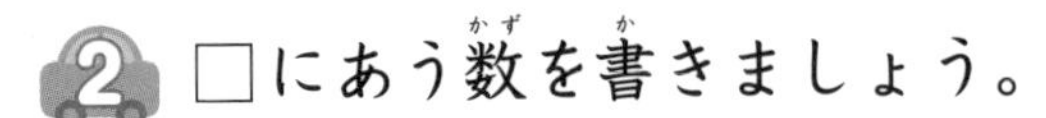

2 □にあう数を書きましょう。

【1問　8点】

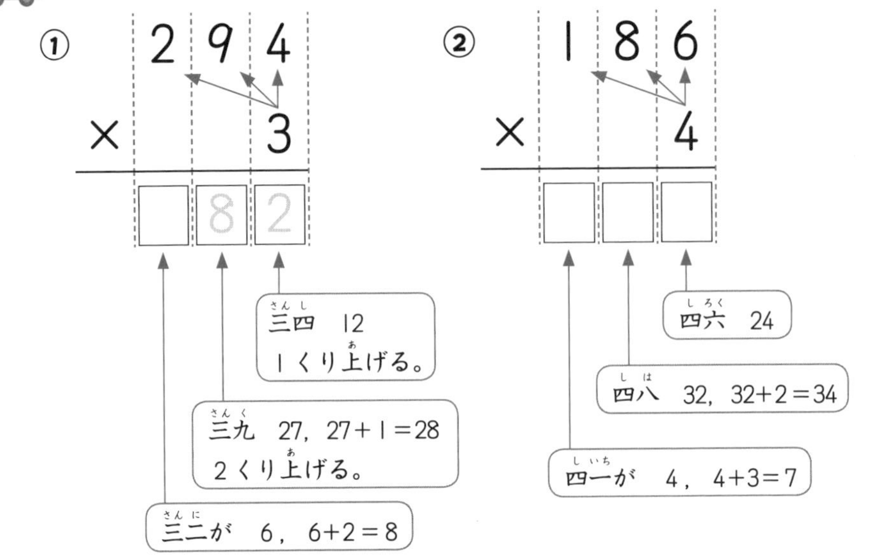

3 計算をしましょう。

【1問　10点】

①
```
  1 2 3
×     7
```

②
```
  1 6 2
×     6
```

③
```
  2 5 7
×     3
```

④
```
  2 3 8
×     4
```

⑤
```
  4 8 5
×     2
```

⑥
```
  1 7 3
×     5
```

19 3けた×1けた⑤

点

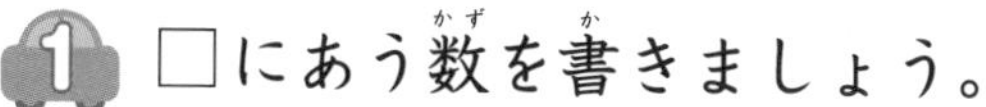

1 □にあう数を書きましょう。 【□1つ　5点】

①

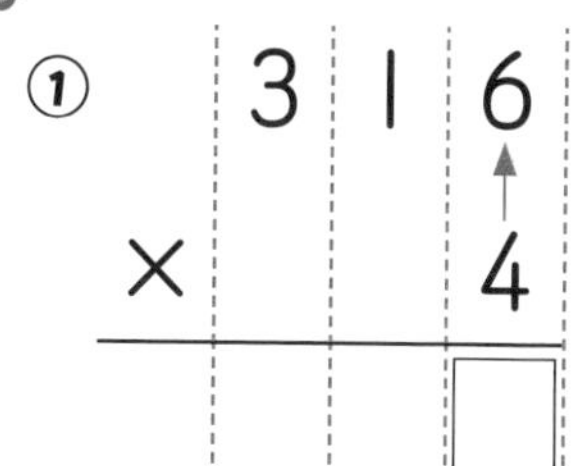

	3	1	6
×			4
			□

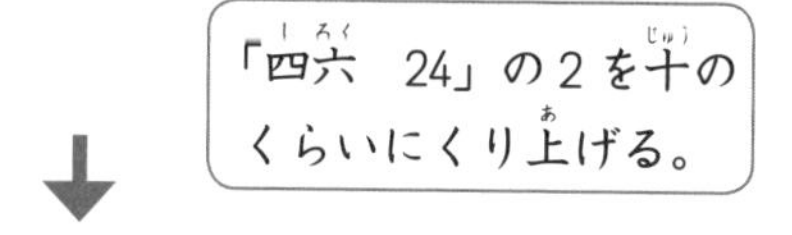

「四六　24」の２を十のくらいにくり上げる。

↓

	3	1	6
×			4
		□	4

「四一が　４」の４に，くり上げた２をたして６。

↓

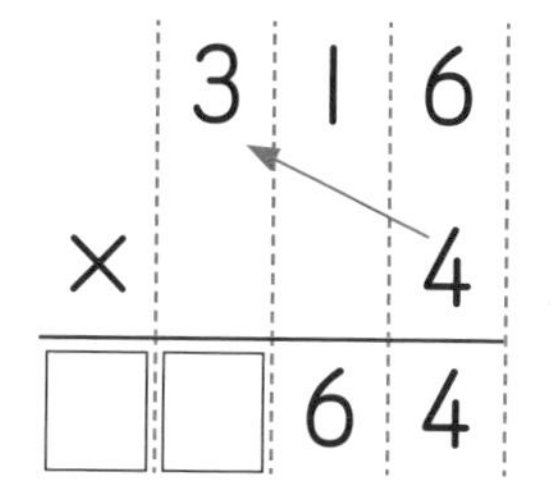

	3	1	6
×			4
□	□	6	4

「四三　12」の１を千のくらいにくり上げる。

②

	4	1	3
×			6
			□

↓

	4	1	3
×			6
		□	8

↓

	4	1	3
×			6
□	□	7	8

千のくらいにくり上がるよ。

2 □にあう数を書きましょう。 【1問 5点】

①

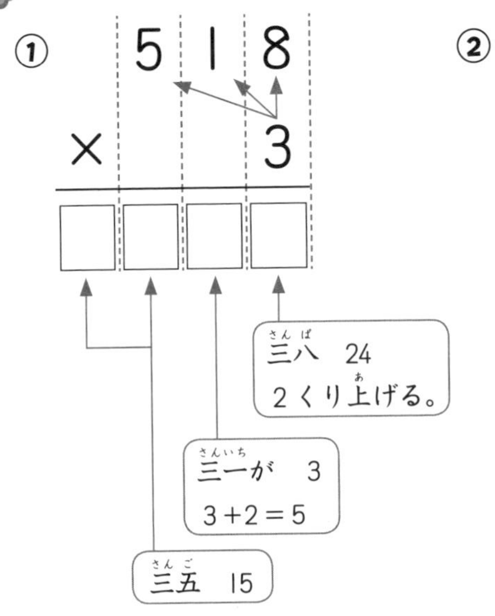

②

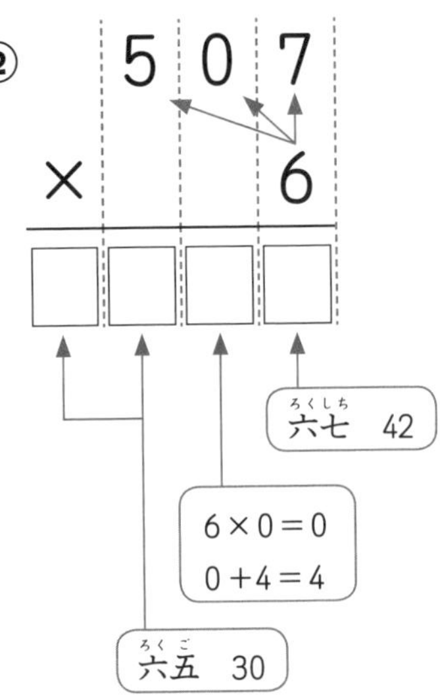

3 計算をしましょう。 【1問 10点】

① $\begin{array}{r} 323 \\ \times \quad 4 \\ \hline \end{array}$

② $\begin{array}{r} 519 \\ \times \quad 5 \\ \hline \end{array}$

③ $\begin{array}{r} 613 \\ \times \quad 6 \\ \hline \end{array}$

④ $\begin{array}{r} 709 \\ \times \quad 7 \\ \hline \end{array}$

⑤ $\begin{array}{r} 312 \\ \times \quad 8 \\ \hline \end{array}$

くり上げた数をたすのをわすれないでね。

20 3けた×1けた⑥

□にあう数を書きましょう。　【□1つ　4点】

①

	2	4	3
×			6
			□

「六三　18」の1を十のくらいにくり上げる。

	2	4	3
×			6
		□(5)	8

「六四　24」の4に，くり上げた1をたして5。2を百のくらいにくり上げる。

	2	4	3
×			6
□	□(4)	5	8

「六二　12」の2に，くり上げた2をたして4。1を千のくらいにくり上げる。

②

	3	5	6
×			7
			□

	3	5	6
×			7
		□	2

	3	5	6
×			7
□	□	9	2

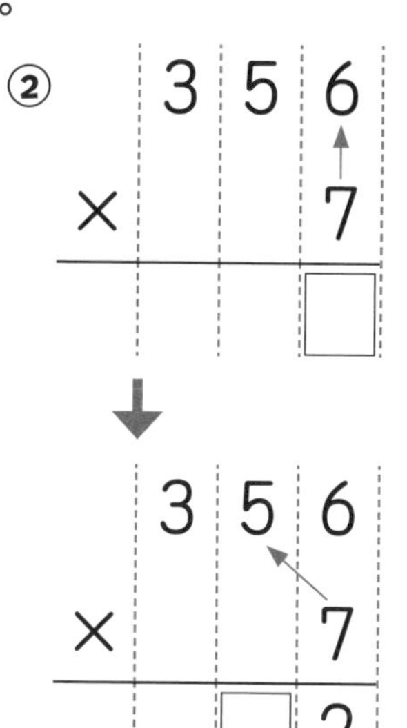

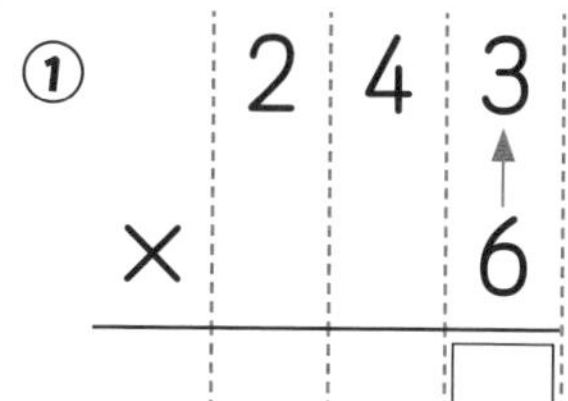

2 □にあう数を書きましょう。 【1問 4点】

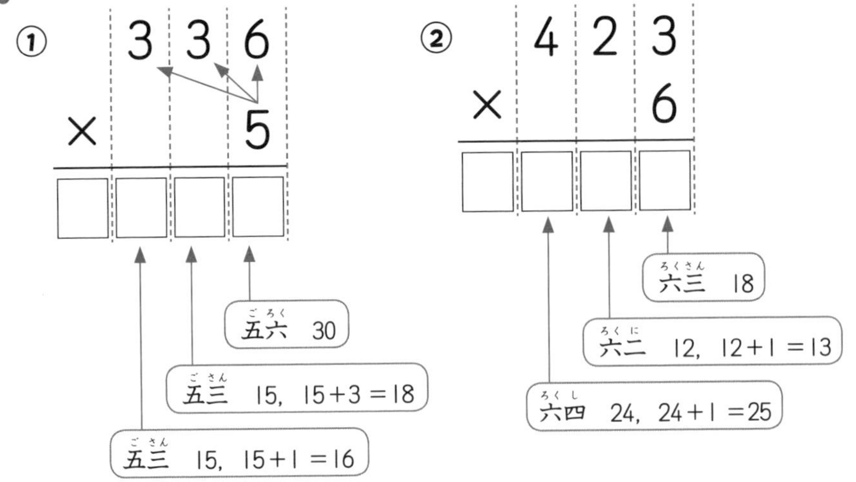

3 計算をしましょう。 【1問 10点】

① 456×3

② 567×2

③ 443×4

④ 257×5

⑤ 365×7

⑥ 246×8

くり上がりを，わすれないように気をつけよう！

21 3けた×1けた⑦

□にあう数を書きましょう。　【□1つ　5点】

①

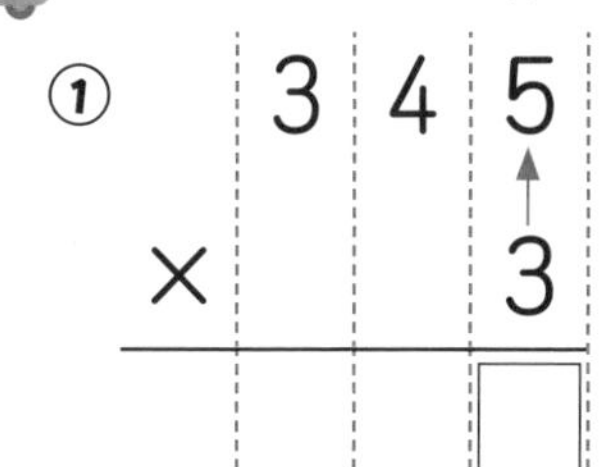

「三五　15」の1を十のくらいにくり上げる。

```
  3 4 5
×     3
-------
    □ 5
```

「三四　12」の2にくり上げた1をたして13。1を百のくらいにくり上げる。

```
    3 4 5
×       3
---------
□ □ 3 5
```

「三三が　9」の9にくり上げた1をたして10。

②

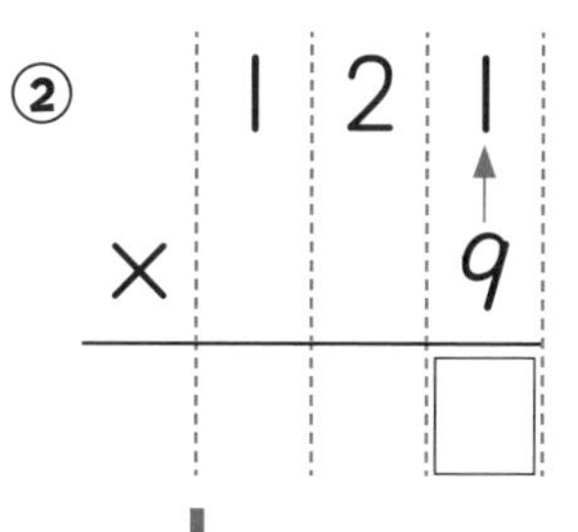

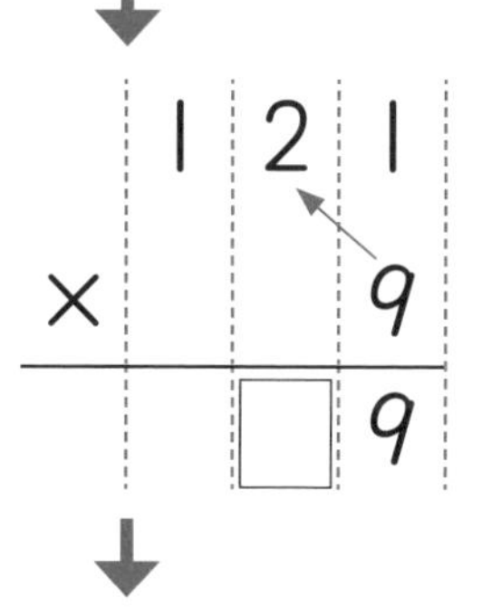

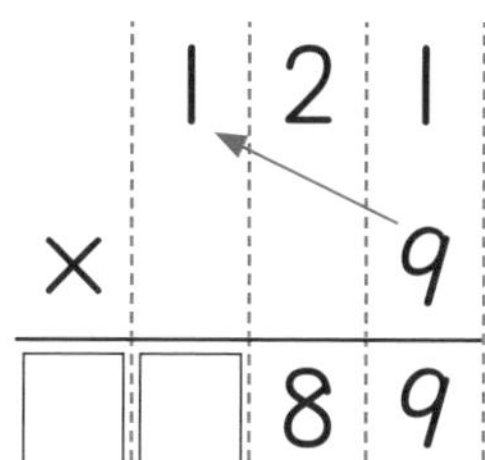

くり上がった数をたして千のくらいにくり上がるよ。

2 計算(けいさん)をしましょう。

【1問(もん) 6点(てん)】

① $\begin{array}{r} 134 \\ \times \quad 8 \\ \hline \end{array}$

② $\begin{array}{r} 152 \\ \times \quad 7 \\ \hline \end{array}$

③ $\begin{array}{r} 265 \\ \times \quad 4 \\ \hline \end{array}$

④ $\begin{array}{r} 297 \\ \times \quad 4 \\ \hline \end{array}$

⑤ $\begin{array}{r} 334 \\ \times \quad 3 \\ \hline \end{array}$

⑥ $\begin{array}{r} 152 \\ \times \quad 9 \\ \hline \end{array}$

⑦ $\begin{array}{r} 673 \\ \times \quad 3 \\ \hline \end{array}$

⑧ $\begin{array}{r} 431 \\ \times \quad 7 \\ \hline \end{array}$

⑨ $\begin{array}{r} 654 \\ \times \quad 8 \\ \hline \end{array}$

⑩ $\begin{array}{r} 795 \\ \times \quad 4 \\ \hline \end{array}$

3けた×1けたの計算(けいさん)はおわり！　ヤッタネ！

2けた×2けた①

点

1 □にあう数(かず)を書(か)きましょう。

【1問(もん)　8点(てん)】

①

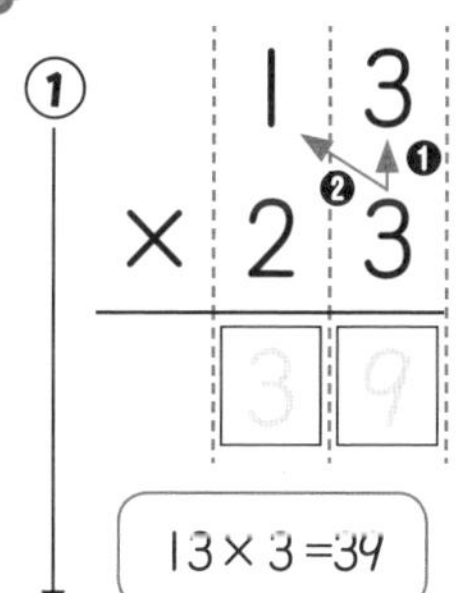

	1	3
×	2	3
	□3	□9

13×3=39

かける数(かず)の23を，20と3に分(わ)けて計算(けいさん)するよ。

	1	3	
×	2	3	
	3	9	…13×3
2	6	0	…13×20
2	9	9	

②

	1	3
×	2	3
	3	9
□2	□6	

13×20=260
一(いち)のくらいの0は書(か)かない。

③

	1	3
×	2	3
	3	9
2	6	
□2	□9	□9

たし算(ざん)をする。39＋260＝299

2 □にあう数(かず)を書(か)きましょう。

【1問(もん)　8点(てん)】

①

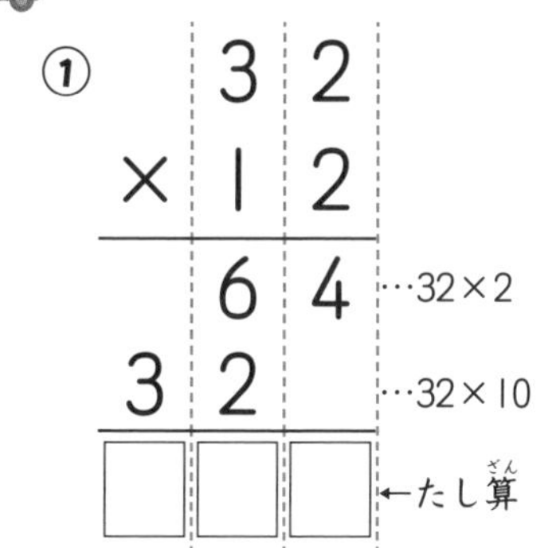

	3	2	
×	1	2	
	6	4	…32×2
3	2		…32×10
□	□	□	←たし算(ざん)

②

	3	2	
×	2	2	
	6	4	…32×2
□	□		…32×20
□	□	□	←たし算(ざん)

3 □にあう数を書きましょう。

【1問　10点】

①

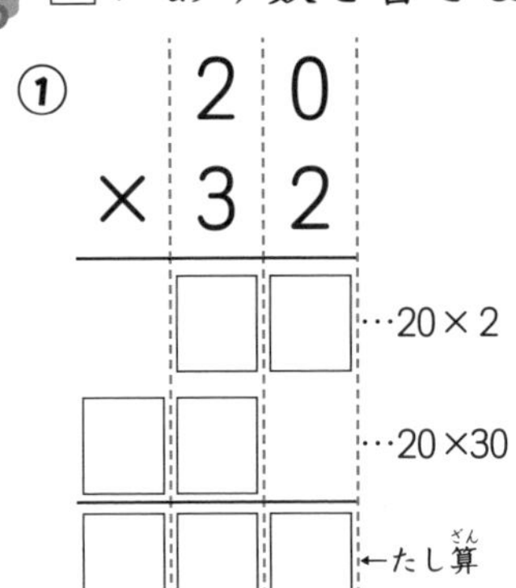

②

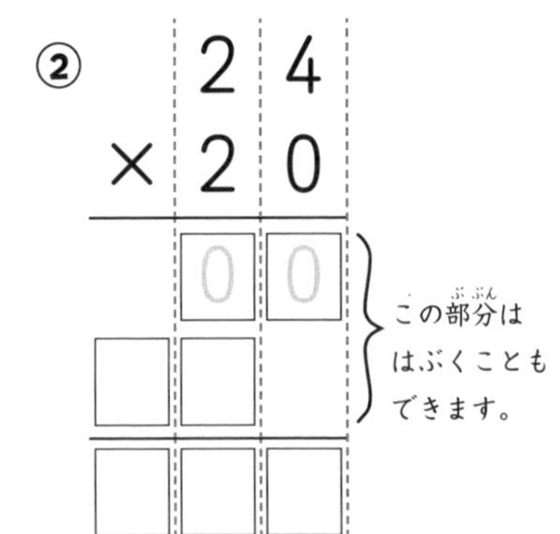

4 計算をしましょう。

【1問　10点】

① 13 × 13

② 34 × 21

③ 40 × 22

④ 31 × 20

2けたの数のかけ算はわかったかな？
くらいをまちがえないようにちゅういしてね！

23 2けた×2けた②

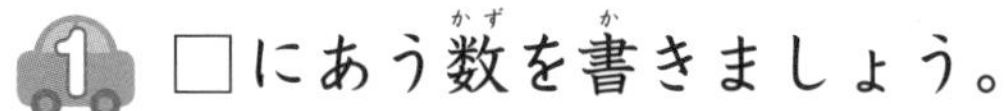

1 □にあう数を書きましょう。

【1問 10点】

①

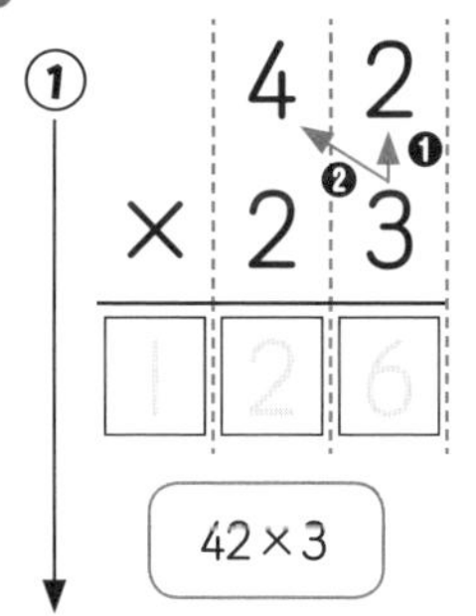

42×3

下のように考えて計算するよ。

$$\begin{array}{r} 42 \\ \times\ 23 \\ \hline 126 \\ 840 \\ \hline 966 \end{array}$$

126 …42×3
840 …42×20

②

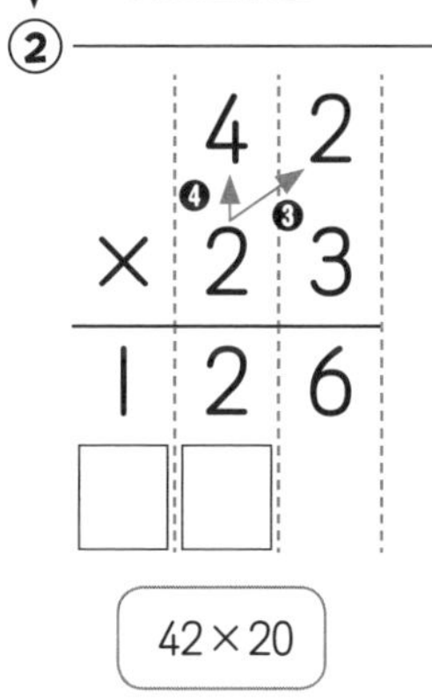

42×20

③

$$\begin{array}{r} 42 \\ \times\ 23 \\ \hline 126 \\ 84\ \ \\ \hline \square\square\square \end{array}$$

たし算をする。126＋840

2 □にあう数を書きましょう。

【1問 10点】

①

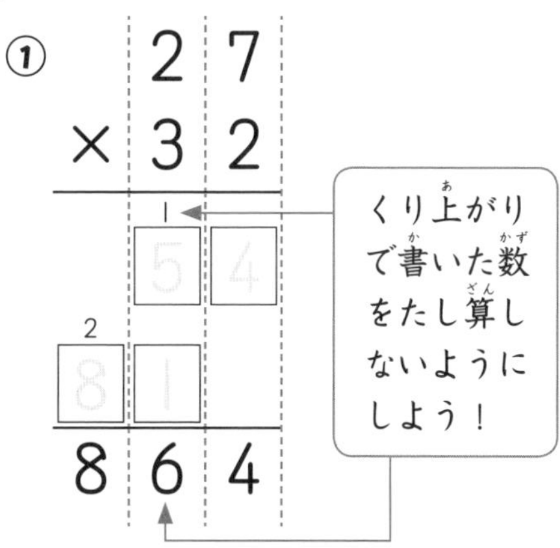

②

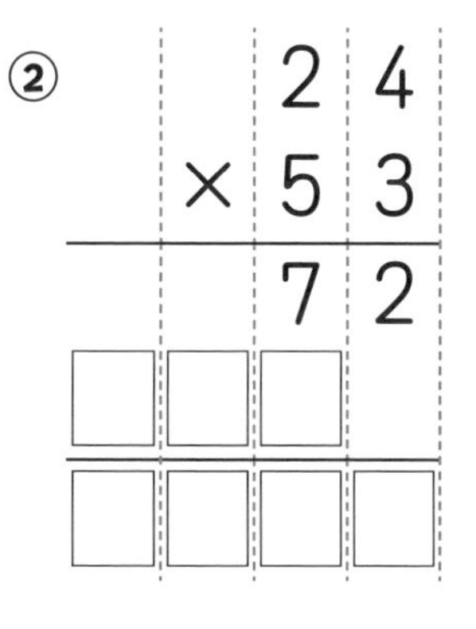

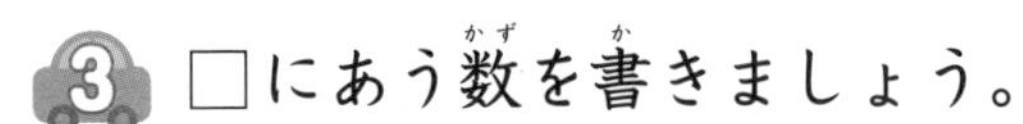

3 □にあう数を書きましょう。

【1問　10点】

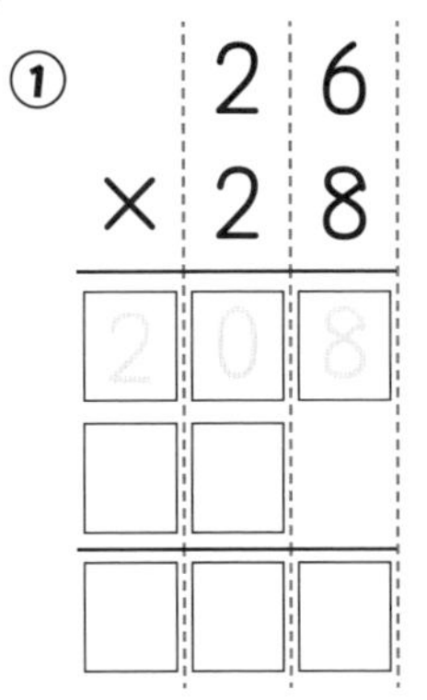

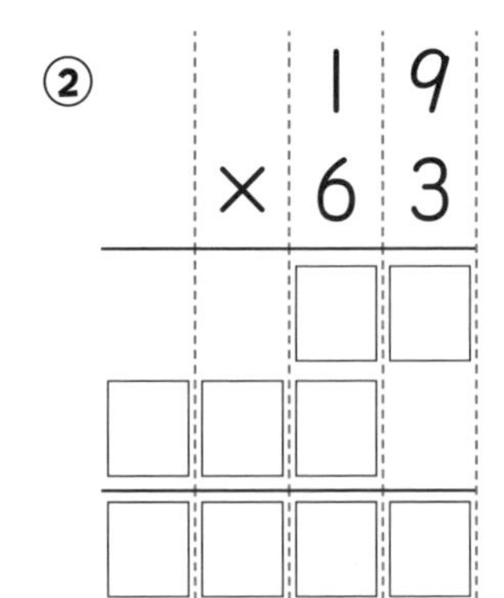

① 26×28 = 208 + □□ → □□□

② 19×63 = □□ + □□□ → □□□□

4 計算をしましょう。

【1問　10点】

① 13×46

② 15×72

③ 27×62

くり上がりがあるかけ算だよ。
まちがえたところはなおしをしておこう。

2けた×2けた③

月　日

点

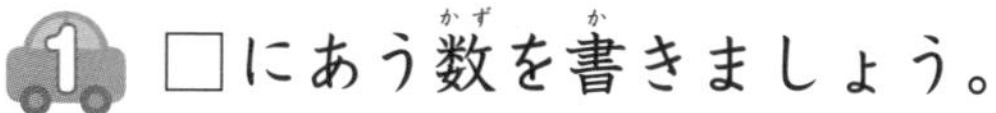

1 □にあう数を書きましょう。

【1問　8点】

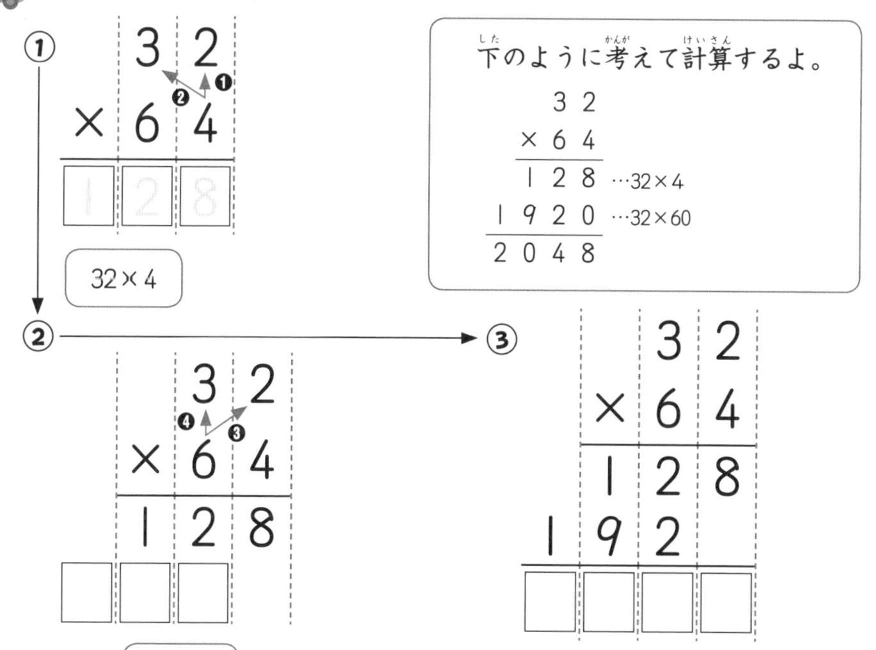

2 □にあう数を書きましょう。

【1問　8点】

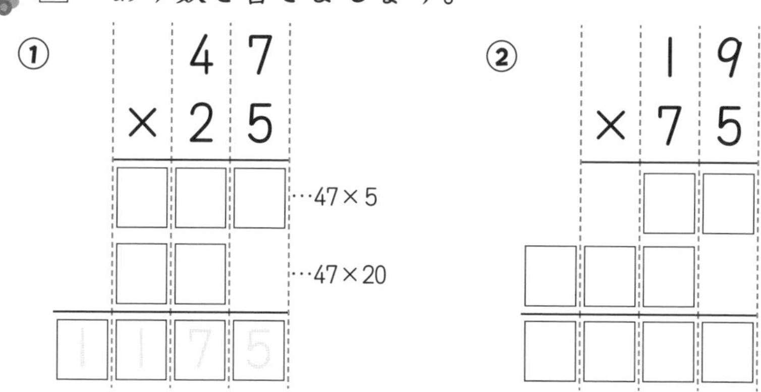

□にあう数を書きましょう。 【1問 10点】

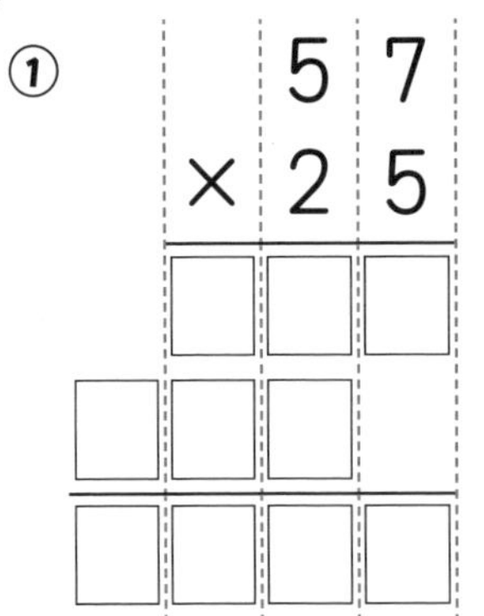

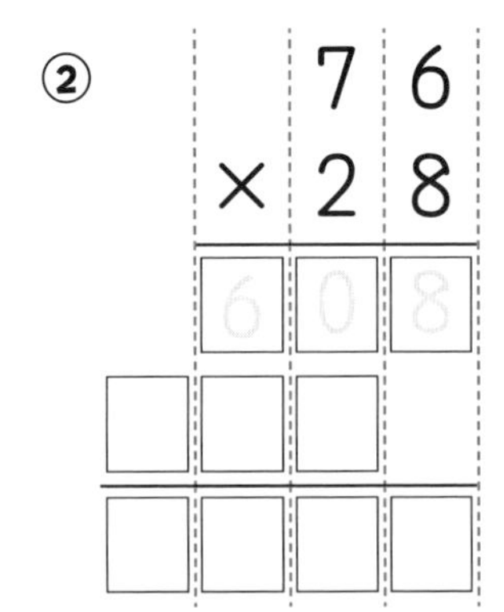

計算をしましょう。 【1問 10点】

① 87 × 21

② 39 × 49

③ 72 × 43

④ 62 × 30

くり上がりをわすれないように計算しようね。

25 2けた×2けた④

1 □にあう数を書きましょう。 【1問 10点】

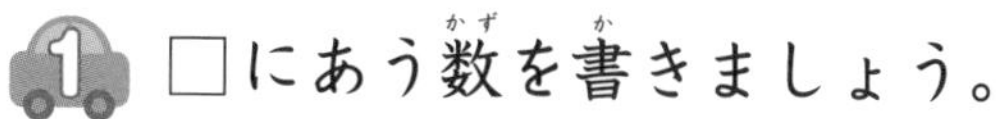

①

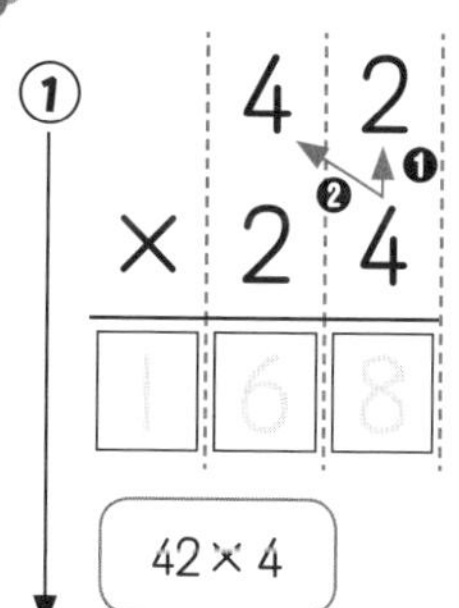

42×4

下のように考えて計算するよ。

$$
\begin{array}{r}
42 \\
\times\ 24 \\
\hline
168 \quad \cdots 42\times4 \\
840 \quad \cdots 42\times20 \\
\hline
1008
\end{array}
$$

②

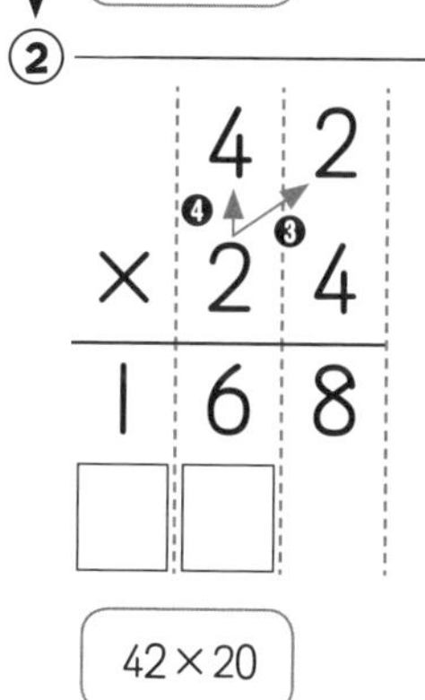

42×20

③

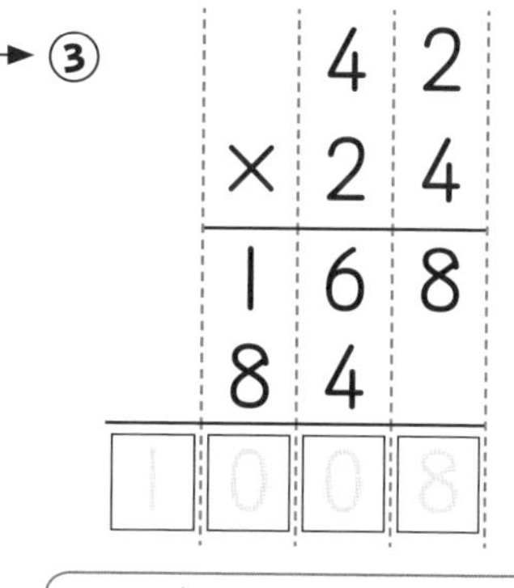

たし算をする。168＋840

2 □にあう数を書きましょう。 【1問 10点】

① 36×28

…36×8

…36×20

② 23×48

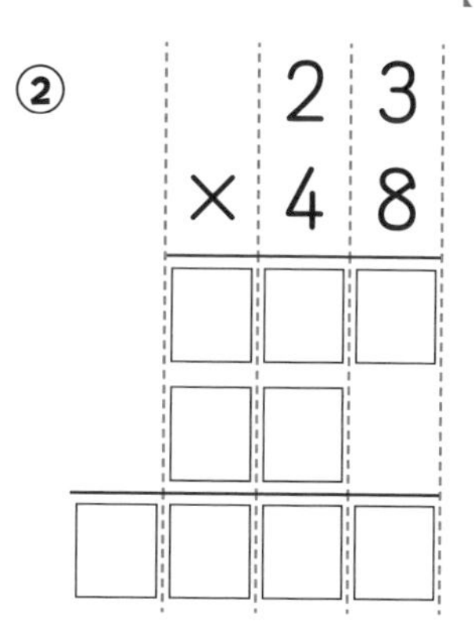

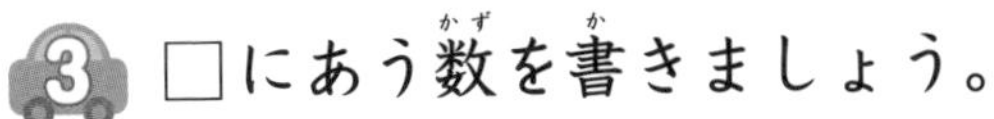

3 □にあう数を書きましょう。 【1問 10点】

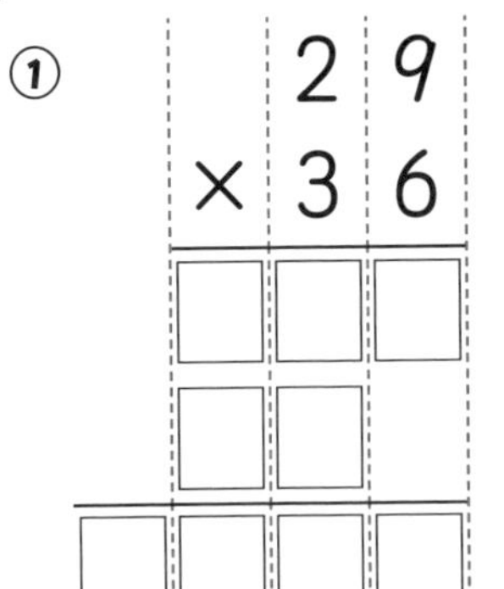

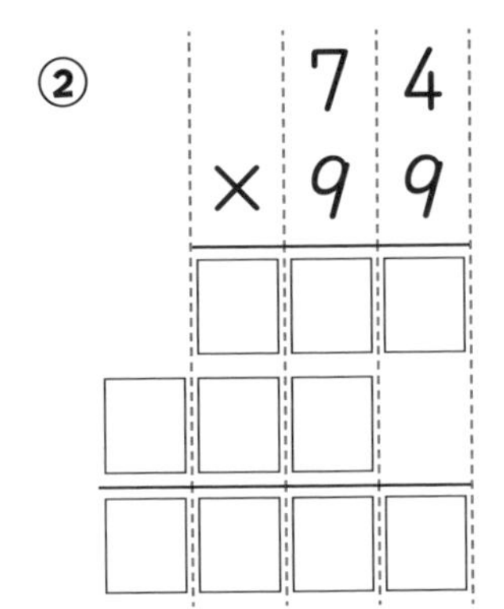

4 計算をしましょう。 【1問 10点】

① 48 × 25

② 19 × 59

③ 47 × 45

26 3けた×2けた①

1 □にあう数(かず)を書(か)きましょう。

【1問(もん) 8点(てん)】

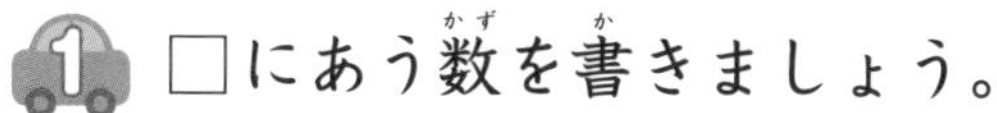

①

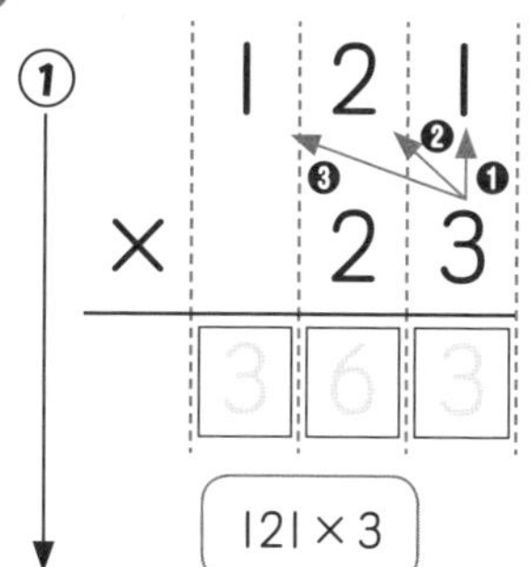

下(した)のように考(かんが)えて計算(けいさん)するよ。

```
   1 2 1
 ×   2 3
   3 6 3 …121×3
 2 4 2 0 …121×20
 2 7 8 3
```

②

```
   1 2 1
 ×   2 3
   3 6 3
 2 4 2
```

121×20

③

```
   1 2 1
 ×   2 3
   3 6 3
 2 4 2
 □ □ □ □
```

たし算(ざん)をする。363+2420

2 □にあう数(かず)を書(か)きましょう。

【1問(もん) 8点(てん)】

①

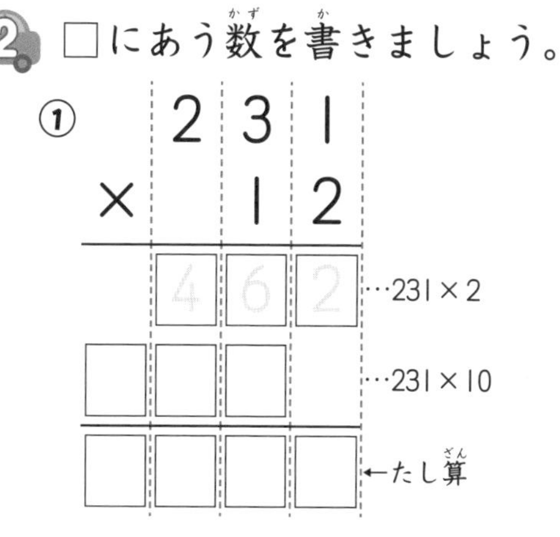

②

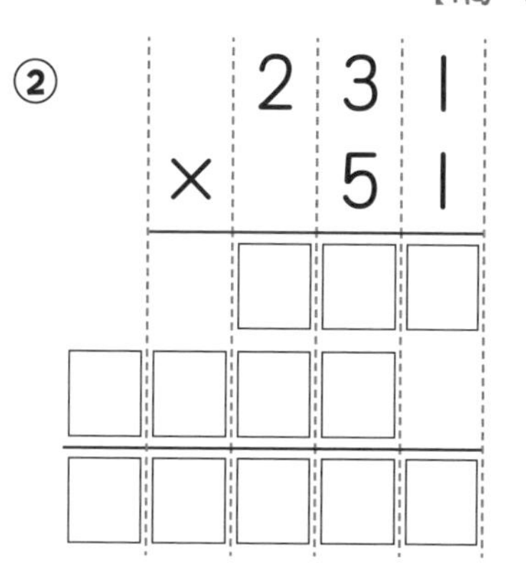

□にあう数を書きましょう。　【1問　10点】

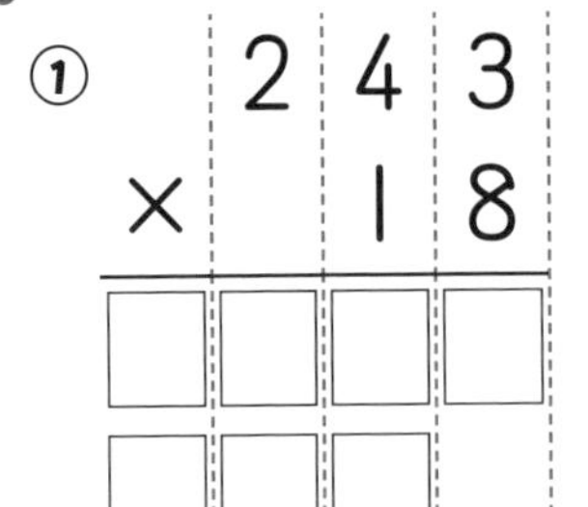
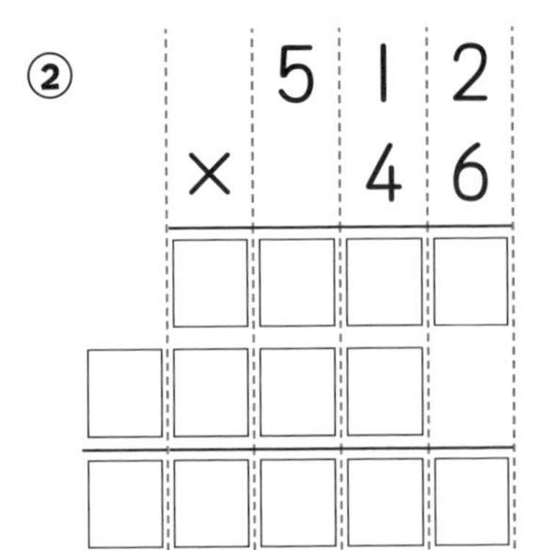

計算をしましょう。　【1問　10点】

①
$$\begin{array}{r} 321 \\ \times \ \ 27 \\ \hline \end{array}$$

③
$$\begin{array}{r} 423 \\ \times \ \ 94 \\ \hline \end{array}$$

②
$$\begin{array}{r} 324 \\ \times \ \ 45 \\ \hline \end{array}$$

④
$$\begin{array}{r} 508 \\ \times \ \ 35 \\ \hline \end{array}$$

27 3けた×2けた②

1 □にあう数を書きましょう。 【1問 10点】

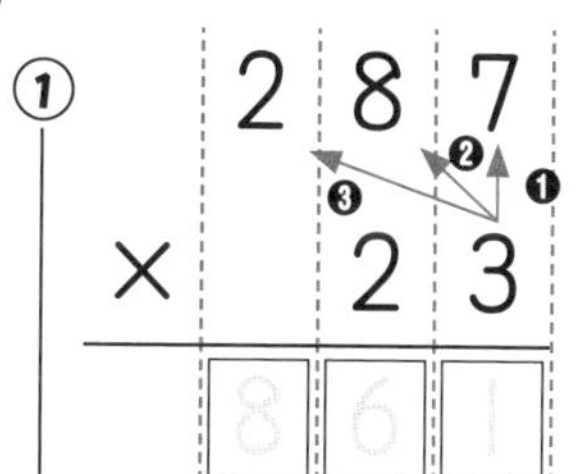

下のように考えて計算するよ。

```
   287
×   23
   861 …287×3
  574  …287×20
  6601
```

②

```
   287
×   23
   861
□□□
```

287×20

③

```
   287
×   23
   861
  574
□□□□
```

たし算をする。861+5740

2 □にあう数を書きましょう。 【1問 10点】

①

```
   158
×   45
  □□□
□□□
□□□□
```

②

```
   346
×   64
 □□□□
□□□□
□□□□□
```

3 □にあう数を書きましょう。

【1問　10点】

①

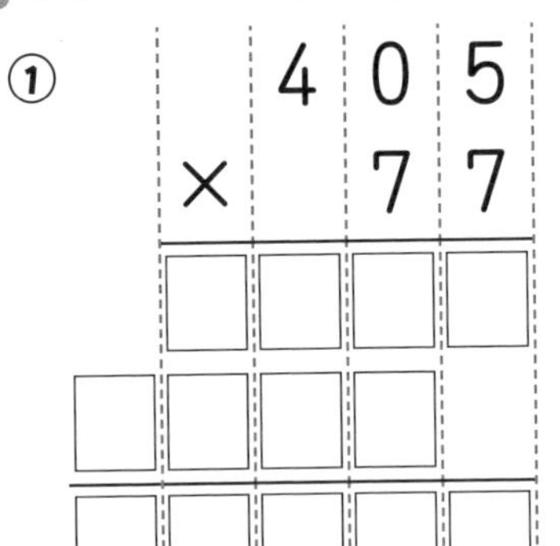

②

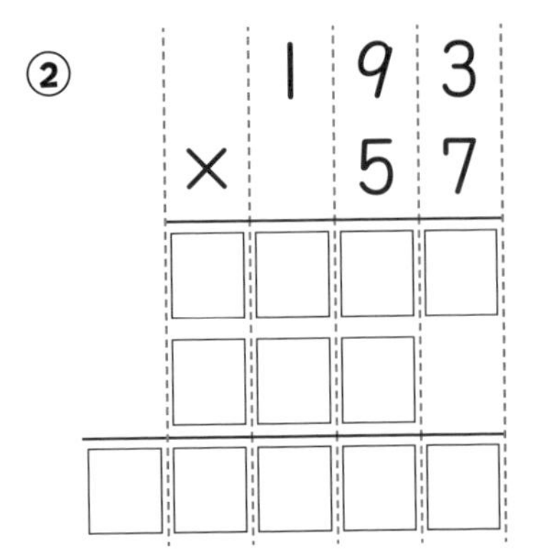

4 計算をしましょう。

【1問　10点】

①
$$\begin{array}{r} 321 \\ \times\ \ 43 \\ \hline \end{array}$$

②
$$\begin{array}{r} 714 \\ \times\ \ 29 \\ \hline \end{array}$$

③
$$\begin{array}{r} 280 \\ \times\ \ 37 \\ \hline \end{array}$$

答えあわせをして，まちがえたところは，なおしをしよう。

28 かけ算の筆算のまとめ

月　日

点

1 計算をしましょう。　【1問　5点】

① $\begin{array}{r} 14 \\ \times \quad 6 \\ \hline \end{array}$

② $\begin{array}{r} 40 \\ \times \quad 7 \\ \hline \end{array}$

③ $\begin{array}{r} 76 \\ \times \quad 5 \\ \hline \end{array}$

④ $\begin{array}{r} 34 \\ \times \quad 9 \\ \hline \end{array}$

⑤ $\begin{array}{r} 113 \\ \times \quad 7 \\ \hline \end{array}$

⑥ $\begin{array}{r} 372 \\ \times \quad 2 \\ \hline \end{array}$

⑦ $\begin{array}{r} 408 \\ \times \quad 6 \\ \hline \end{array}$

⑧ $\begin{array}{r} 642 \\ \times \quad 8 \\ \hline \end{array}$

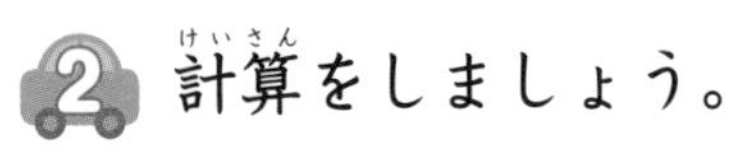

2 計算をしましょう。

【1問　10点】

① $\begin{array}{r} 17 \\ \times\ 25 \\ \hline \end{array}$

② $\begin{array}{r} 24 \\ \times\ 92 \\ \hline \end{array}$

③ $\begin{array}{r} 63 \\ \times\ 67 \\ \hline \end{array}$

④ $\begin{array}{r} 305 \\ \times\ \ 67 \\ \hline \end{array}$

⑤ $\begin{array}{r} 294 \\ \times\ \ 35 \\ \hline \end{array}$

⑥ $\begin{array}{r} 534 \\ \times\ \ 78 \\ \hline \end{array}$

ヤッター！　これでおわり！
よくがんばったね。

1 たし算のふく習①

P1・2

1
①16 ②18 ③17 ④17 ⑤19 ⑥18 ⑦18 ⑧26 ⑨29 ⑩27

2
①29 ②30 ③31 ④30 ⑤31 ⑥32 ⑦34 ⑧35 ⑨35 ⑩31 ⑪33 ⑫38

2 たし算のふく習②

P3・4

1
①25 ②35 ③49 ④47 ⑤42 ⑥69 ⑦64 ⑧88 ⑨69 ⑩93

2
①31 ②41 ③52 ④52 ⑤63 ⑥84 ⑦92 ⑧103 ⑨110 ⑩121 ⑪100 ⑫127

3 九九のふく習①

P5・6

1
〔2のだん〕
①4 ②6 ③8 ④10 ⑤12 ⑥14 ⑦16 ⑧18
〔3のだん〕
⑨6 ⑩9 ⑪12 ⑫15 ⑬18 ⑭21 ⑮24 ⑯27

2
〔4のだん〕
①8 ②12 ③16 ④20 ⑤24 ⑥28 ⑦32 ⑧36
〔5のだん〕
⑨10 ⑩15 ⑪20 ⑫25 ⑬30 ⑭35 ⑮40 ⑯45

3
①30 ②80

4 九九のふく習②

P7・8

1 〔6のだん〕
① 12
② 18
③ 24
④ 30
⑤ 36
⑥ 42
⑦ 48
⑧ 54

〔7のだん〕
⑨ 14
⑩ 21
⑪ 28
⑫ 35
⑬ 42
⑭ 49
⑮ 56
⑯ 63

2 〔8のだん〕
① 16
② 24
③ 32
④ 40
⑤ 48
⑥ 56
⑦ 64
⑧ 72

〔9のだん〕
⑨ 18
⑩ 27
⑪ 36
⑫ 45
⑬ 54
⑭ 63
⑮ 72
⑯ 81

3 ① 140 ② 320

5 九九のふく習③

P9・10

1 ① 10
② 8
③ 14
④ 20
⑤ 24
⑥ 9
⑦ 15
⑧ 12
⑨ 30
⑩ 28

2 ① 24
② 21
③ 32
④ 45
⑤ 42
⑥ 18
⑦ 48
⑧ 35
⑨ 56
⑩ 72
⑪ 63
⑫ 54

6 2けた×1けた①

P11・12

1 ① 6, 26 ② 8, 48

2 ① 69 ② 84

3 ① 24
② 39
③ 44
④ 55
⑤ 44
⑥ 63
⑦ 88
⑧ 66
⑨ 80
⑩ 90
⑪ 82
⑫ 96

7 2けた×1けた②

P13・14

1 ① 4, 104 ② 3, 123

2 ① 128 ② 189

3 ① 122
② 159
③ 180
④ 208

4 ① 102
② 320
③ 148
④ 155
⑤ 246
⑥ 246

8 2けた×1けた③ P15・16

1. ① 2, 42 ② 2, 72
2. ① 57 ② 92
3. ① 38 ② 64 ③ 81 ④ 70
4. ① 75 ② 74 ③ 60 ④ 96 ⑤ 84 ⑥ 92

9 2けた×1けた④ P17・18

1. ① 124 ② 155 ③ 186 ④ 217 ⑤ 248 ⑥ 279 ⑦ 306 ⑧ 248 ⑨ 320 ⑩ 630
2. ① 55 ② 60 ③ 65 ④ 72 ⑤ 84 ⑥ 96 ⑦ 84 ⑧ 85 ⑨ 90 ⑩ 76 ⑪ 98 ⑫ 90

10 2けた×1けた⑤ P19・20

1. ① 5, 135 ② 8, 268
2. ① 136 ② 148
3. ① 112 ② 252 ③ 177 ④ 220
4. ① 154 ② 196 ③ 222 ④ 174 ⑤ 256 ⑥ 192

11 2けた×1けた⑥ P21・22

1. ① 5, 105 ② 0, 300
2. ① 104 ② 201
3. ① 111 ② 204 ③ 112 ④ 316
4. ① 108 ② 117 ③ 116 ④ 100 ⑤ 207 ⑥ 304

12 2けた×1けた⑦ P23・24

1. ① 165 ② 198 ③ 231 ④ 216 ⑤ 270 ⑥ 294 ⑦ 301
2. ① 260 ② 310 ③ 370 ④ 258 ⑤ 294 ⑥ 402 ⑦ 399 ⑧ 406 ⑨ 483 ⑩ 445 ⑪ 534 ⑫ 623

13 2けた×1けた⑧ P25・26

1 ①256 ②424 ③208 ④616 ⑤495 ⑥387 ⑦306

2 ①264 ②336 ③198 ④378 ⑤464 ⑥585 ⑦200 ⑧225 ⑨512 ⑩608 ⑪324 ⑫423

14 2けた×1けた⑨ P27・28

1 ①147 ②240 ③189 ④80 ⑤70 ⑥216 ⑦134 ⑧132 ⑨297 ⑩188

2 ①108 ②102 ③112 ④100 ⑤216 ⑥105 ⑦204 ⑧216 ⑨308 ⑩234 ⑪520 ⑫300

15 3けた×1けた① P29・30

1 ①（上から）2, 42, 242
②（上から）9, 09, 609

2 ①366 ②480 ③208 ④936

3 ①286 ②864 ③960 ④770 ⑤884 ⑥804

16 3けた×1けた② P31・32

1 ①（上から）7, 57, 357
②（上から）6, 96, 896

2 ①951 ②878

3 ①963 ②832 ③250 ④830 ⑤872 ⑥687

17 3けた×1けた③ P33・34

1 ①（上から）8, 08, 508
②（上から）4, 24, 924

2 ①906 ②543 ③729 ④910

3 ①840 ②955 ③786 ④608 ⑤788 ⑥819

18 3けた×1けた④ P35・36

1 ①（上から）2, 72, 972
②（上から）5, 25, 825

2 ①882 ②744

3 ①861 ②972 ③771 ④952 ⑤970 ⑥865

19 3けた×1けた⑤

P37・38

1
① (上から) 4, 64, 1264
② (上から) 8, 78, 2478

2
① 1554 ② 3042

3
① 1292
② 2595
③ 3678
④ 4963
⑤ 2496

20 3けた×1けた⑥

P39・40

1
① (上から) 8, 58, 1458
② (上から) 2, 92, 2492

2
① 1680 ② 2538

3
① 1368
② 1134
③ 1772
④ 1285
⑤ 2555
⑥ 1968

21 3けた×1けた⑦

P41・42

1
① (上から) 5, 35, 1035
② (上から) 9, 89, 1089

2
① 1072
② 1064
③ 1060
④ 1188
⑤ 1002
⑥ 1368
⑦ 2019
⑧ 3017
⑨ 5232
⑩ 3180

22 2けた×2けた①

P43・44

1
① 39
② 26 ③ 299

2
①
```
   3 2
 × 1 2
 -----
   6 4
 3 2
 -----
 3 8 4
```
②
```
   3 2
 × 2 2
 -----
   6 4
 6 4
 -----
 7 0 4
```

3
①
```
   2 0
 × 3 2
 -----
   4 0
 6 0
 -----
 6 4 0
```
②
```
   2 4
 × 2 0
 -----
   0 0
 4 8
 -----
 4 8 0
```

4
①
```
   1 3
 × 1 3
 -----
   3 9
 1 3
 -----
 1 6 9
```
②
```
   3 4
 × 2 1
 -----
   3 4
 6 8
 -----
 7 1 4
```
③
```
   4 0
 × 2 2
 -----
   8 0
 8 0
 -----
 8 8 0
```
④
```
   3 1
 × 2 0
 -----
   0 0
 6 2
 -----
 6 2 0
```
(0 0 の行は)はぶいてもよい。

23 2けた×2けた②

P45・46

1 ① 126

② 84 ③ 966

2 ① 27×32: 54, 81, 864

② 24×53: 72, 120, 1272

3 ① 26×28: 208, 52, 728

② 19×63: 57, 114, 1197

4 ① 13×46: 78, 52, 598

② 15×72: 30, 105, 1080

③ 27×62: 54, 162, 1674

24 2けた×2けた③

P47・48

1 ① 128

② 192 ③ 2048

2 ① 47×25: 235, 94, 1175

② 19×75: 95, 133, 1425

3 ① 57×25: 285, 114, 1425

② 76×28: 608, 152, 2128

4 ① 87×21: 87, 174, 1827

② 39×49: 351, 156, 1911

③ 72×43: 216, 288, 3096

④ 62×30: 00, 186, 1860（はぶいてもよい。）

25 2けた×2けた④

P49・50

1
① 168
② 84
③ 1008

2
① 36×28
288
72
1008

② 23×48
184
92
1104

3
① 29×36
174
87
1044

② 74×99
666
666
7326

4
① 48×25
240
96
1200

② 19×59
171
95
1121

③ 47×45
235
188
2115

26 3けた×2けた①

P51・52

1
① 363
② 242
③ 2783

2
① 231×12
462
231
2772

② 231×51
231
1155
11781

3
① 243×18
1944
243
4374

② 512×46
3072
2048
23552

4
① 321×27
2247
642
8667

② 324×45
1620
1296
14580

③ 423×94
1692
3807
39762

④ 508×35
2540
1524
17780

27 3けた×2けた②

P53・54

1

① 861

② 574 ③ 6601

2

①
```
   158
×   45
   790
  632
  7110
```

②
```
   346
×   64
  1384
 2076
 22144
```

3

①
```
   405
×   77
  2835
 2835
 31185
```

②
```
   193
×   57
  1351
  965
 11001
```

4

①
```
   321
×   43
   963
 1284
 13803
```

②
```
   714
×   29
  6426
 1428
 20706
```

③
```
   280
×   37
  1960
  840
 10360
```

28 かけ算の筆算のまとめ

P55・56

1

①84 ②280 ③380 ④306

⑤791 ⑥744 ⑦2448 ⑧5136

2

①
```
   17
× 25
   85
  34
  425
```

②
```
   24
× 92
   48
 216
 2208
```

③
```
   63
× 67
  441
 378
 4221
```

④
```
   305
×   67
  2135
 1830
 20435
```

⑤
```
   294
×   35
  1470
  882
 10290
```

⑥
```
   534
×   78
  4272
 3738
 41652
```

料金受取人払郵便

高輪局承認

1101

差出有効期間
2021年5月
31日まで

（切手を貼らずに
ご投函ください。）

郵便はがき

108-8790

414

東京都港区高輪4-10-18
京急第1ビル 13F

（株）くもん出版
お客さま係 行

フリガナ	
お名前	
ご住所	〒□□□-□□□□ 都道府県 区市郡
ご連絡先	TEL （ ）
Eメール	@

●『公文式教室』へのご関心についてお聞かせください●

1. すでに入会している　2. 以前通っていた　3. 入会資料がほしい　4. 今は関心がない

●『公文式教室』の先生になることにご関心のある方へ●

ホームページからお問い合わせいただけます → くもんの先生 検索

資料送付ご希望の方は○をご記入ください・・・希望する（　　）

資料送付の際のお宛名＿＿＿＿＿＿＿＿ ご年齢（　　）歳

きりとり線

ウェブサイトでも 郵便はがきでも OK!

お客さまの声をお聞かせください！

郵便はがき 今後の商品開発や改訂の参考とさせていただきますので、「郵便はがき」にて、本商品に対するお声をお聞かせください。率直なご意見・ご感想をお待ちしております。

※**郵便はがきアンケート**をご返送頂いた場合、図書カードが当選する**抽選の対象**となります。

抽選で毎月100名様に「図書カード」1000円分をプレゼント！

くもん出版の商品情報はこちら！

くもん出版では、乳幼児・幼児向けの玩具・絵本・ドリルから、小中学生向けの児童書・学習参考書、一般向けの教育書や大人のドリルまで、幅広い商品ラインナップを取り揃えております。詳しくお知りになりたいお客さまは、ウェブサイトをご覧ください。

くもん出版ウェブサイト
https://www.kumonshuppan.com

くもん出版 検索

くもん出版直営の
通信販売サイトもございます。

Kumon shop 検索

『お客さまアンケート』個人情報保護について

『お客さまアンケート』にご記入いただいたお客さまの個人情報は、以下の目的にのみ使用し、他の目的には一切使用いたしません。

①弊社内での商品企画の参考にさせていただくため
②当選者の方へ「図書カード」をお届けするため
③ご希望の方へ、公文式教室への入会や、先生になるための資料をお届けするため
※資料の送付、教室のご案内に関しては公文教育研究会からご案内させていただきます。

なお、お客さまの個人情報の訂正・削除につきましては、下記の窓口までお申し付けください。

くもん出版お客さま係 東京都港区高輪4-10-18 京急第1ビル 13F
0120-373-415（受付時間 月～金 9:30 ～ 17：30 祝日除く）
E-mail info@kumonshuppan.com

選んで、使って、いかがでしたか？
ウェブサイトへレビューをお寄せください

ウェブサイト くもん出版ウェブサイト(小学参特設サイト)の「お客さまレビュー」では、くもんのドリルや問題集を使ってみた感想を募集しています。どうかご協力をお願い申し上げます。

くもんの小学参特設サイトには
こんなコンテンツが…

- **カンタン診断**
- **お客さまレビュー**
- **マンガで解説！くもんのドリルのひみつ**

こちらから

<ご注意ください>

- 「お客さまアンケート」(はがきを郵送)と「お客さまレビュー」(ウェブサイトに投稿)は、アンケート内容や個人情報の取り扱いが異なります。

	図書カードが当たる抽選	個人情報	感想
はがき	対象	氏名・住所等記入欄あり	非公開（商品開発・サービスの参考にさせていただきます）
ウェブサイト	対象外	メールアドレス以外不要	公　開（くもん出版小学参特設サイト上に掲載されます）

- ウェブサイトの「お客さまレビュー」は、1冊につき1投稿でお願いいたします。
- 「はがき」での回答と「ウェブサイト」への投稿は両方お出しいただくことが可能です。
- 投稿していただいた「お客さまレビュー」は、掲載までにお時間がかかる場合があります。また、健全な運営に反する内容と判断した場合は、掲載を見送らせていただきます。

きりとり線

57306 「にがてたいじ算数④　3年くり上がりのあるかけ算」

ご記入日(　　　年　　　月)

お子さまの年齢・性別　(　　　歳　　　ヶ月)　男 ／ 女

この商品についてのご意見、ご感想をお聞かせください。

よかった点や、できるようになったことなど

よくなかった点や、つまずいた問題など

この本以外でどのような科目や内容をご希望ですか？

Q1 内容面では、いかがでしたか？
1. 期待以上　2. 期待どおり　3. どちらともいえない
4. 期待はずれ　5. まったく期待はずれ

Q2 それでは、価格的にみて、いかがでしたか？
1. 十分見合っている　2. 見合っている　3. どちらともいえない
4. 見合っていない　5. まったく見合っていない

Q3 学習のようすは、いかがでしたか？
1. 最後までらくらくできた　2. 時間はかかったが最後までできた
3. 途中でやめてしまった（理由：　　　　　　　）

Q4 お子さまの習熟度は、いかがでしたか？
1. 力がついて役に立った　2. 期待したほど力がつかなかった

Q5 今後の企画に活用させていただくために、本書のご感想などについて弊社より電話や手紙でお話をうかがうことはできますか？
1. 情報提供に応じてもよい　2. 情報提供には応じたくない

ご協力どうもありがとうございました。